工业机器人
装调与维修

韩鸿鸾　编著

U0270983

　化学工业出版社

·北京·

图书在版编目（CIP）数据

工业机器人装调与维修/韩鸿鸾编著. —北京：化学
工业出版社，2018.3（2024.3重印）
ISBN 978-7-122-31580-9

Ⅰ.①工… Ⅱ.①韩… Ⅲ.①工业机器人-安装②工
业机器人-调试方法③工业机器人-维修 Ⅳ.①TP242.2

中国版本图书馆 CIP 数据核字（2018）第 038003 号

责任编辑：贾　娜　　　　　　　　　　文字编辑：陈　喆
责任校对：宋　玮　　　　　　　　　　装帧设计：刘丽华

出版发行：化学工业出版社（北京市东城区青年湖南街 13 号　邮政编码 100011）
印　　装：北京七彩京通数码快印有限公司
787mm×1092mm　1/16　印张 13¾　字数 371 千字　2024 年 3 月北京第 1 版第 9 次印刷

购书咨询：010-64518888　　　　　　售后服务：010-64518899
网　　址：http://www.cip.com.cn

凡购买本书，如有缺损质量问题，本社销售中心负责调换。

定　　价：59.00 元

前言

近年来，我国机器人行业在国家政策的支持下，顺势而为，发展迅速，保持着35％的高增长率，远高于德国的9％、韩国的8％和日本的6％。我国已连续两年成为世界第一大工业机器人市场。

我国工业机器人市场之所以能有如此迅速的增长，主要源于以下三点。

① 劳动力的供需矛盾。主要体现在劳动力成本的上升和劳动力供给的下降。在很多产业，尤其在中低端工业产业，劳动力的供需矛盾非常突出，这对实施"机器换人"计划提出了迫切需求。

② 企业转型升级的迫切需求。随着全球制造业转移的持续深入，先进制造业回流，我国的低端制造业面临产业转移和空心化的风险，迫切需要转变传统的制造模式，降低企业运行成本，提升企业发展效率，提升工厂的自动化、智能化程度。而工业机器人的大量应用，是提升企业产能和产品质量的重要手段。

③ 国家战略需求。工业机器人作为高端制造装备的重要组成部分，技术附加值高，应用范围广，是我国先进制造业的重要支撑技术和信息化社会的重要生产装备，对工业生产、社会发展以及增强军事国防实力都具有十分重要的意义。

随着机器人技术及智能化水平的提高，工业机器人已在众多领域得到了广泛的应用。其中，汽车、电子产品、冶金、化工、塑料、橡胶是我国使用机器人最多的几个行业。未来几年，随着行业需要和劳动力成本的不断提高，我国机器人市场增长潜力巨大。尽管我国将成为当今世界最大的机器人市场，但每万名制造业工人拥有的机器人数量却远低于发达国家水平和国际平均水平。工信部组织制订了我国机器人技术路线图及机器人产业"十三五"规划，到2020年，工业机器人密度达到每万名员工使用100台以上。我国工业机器人市场将高倍速增长，未来十年，工业机器人是看不到天花板的行业。

虽然多种因素推动着我国工业机器人行业不断发展，但应用人才严重缺失的问题清晰地摆在我们面前，这是我国推行工业机器人技术的最大瓶颈。中国机械工业联合会的统计数据表明，我国当前机器人应用人才缺口20万，并且以每年20％～30％的速度持续递增。

工业机器人作为一种高科技集成装备，对专业人才有着多层次的需求，主要分为研发工程师、系统设计与应用工程师、调试工程师和操作及维护人员四个层次。其中，需求量最大的是基础的操作及维护人员以及掌握基本工业机器人应用技术的调试工程师和更高层次的应用工程师，工业机器人专业人才的培养，要更加着力于应用型人才。

本书由韩鸿鸾编著，本书在撰写过程中还得到了张朋波、孔伟、王树平、阮洪涛、刘曙光、汪兴科、徐艇、孔庆亮、王勇、丁守会、李雅楠、梁典民、赵峰、张玉东、王常义、田震、谢华、安丽敏、孙杰、柳鹏、丛志鹏、马述秀、褚元娟、陈青、宁爽、梁婷、姜兴道、荣志军、王小方等的帮忙。本书在撰写过程中得到了山东省、河南省、河北省、江苏省、上海市等技能鉴定部门的大力支持，在此深表谢意。

由于水平所限，书中不足之处在所难免，恳请广大读者给予批评指正。

编著者

目录

第1章

工业机器人装调与维修基础

　　工业机器人（Industrial Robot，IR）是用于工业生产环境的机器人总称。用工业机器人替代人工操作，不仅可保障人身安全、改善劳动环境、减轻劳动强度、提高劳动生产率，而且还能够起到提高产品质量、节约原材料消耗及降低生产成本等多方面作用，因而，它在工业生产各领域的应用也越来越广泛。

　　第二次世界大战期间，由于核工业和军事工业的发展，美国原子能委员会的阿尔贡研究所研制了"遥控机械手"，用于代替人生产和处理放射性材料。1948 年，这种较简单的机械装置被改进，开发出了机械式的主从机械手（见图 1-1）。它由两个结构相似的机械手组成，主机械手在控制室，从机械手在有辐射的作业现场，两者之间有透明的防辐射墙相隔。操作者用手操纵主机械手，控制系统会自动检测主机械手的运动状态，并控制从机械手跟随主机械手运动，从而解决对放射性材料的远距离操作问题。这种被称为主从控制的机器人控制方式，至今仍在很多场合中应用。

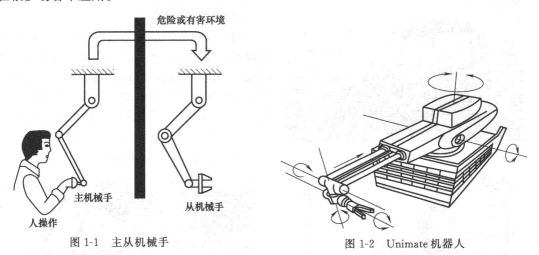

图 1-1　主从机械手　　　　　　　　　　图 1-2　Unimate 机器人

　　由于航空工业的需求，1952 年美国麻省理工学院（MIT）成功开发了第一代数控机床（CNC），并进行了与 CNC 机床相关的控制技术及机械零部件的研究，为机器人的开发奠定了技术基础。

　　1954 年，美国人乔治·德沃尔（George Devol）提出了一个关于工业机器人的技术方案，设计并研制了世界上第一台可编程的工业机器人样机，将之命名为"Universal Automation"，并申请了该项机器人专利。这种机器人是一种可编程的零部件操作装置，其工作方式为首先移动机械手的末端执行器，并记录下整个动作过程；然后，机器人反复再现整个动作过程。后来，在此基础上，Devol 与 Engerlberge 合作创建了美国万能自动化公司（Unimation），于1962 年生产了第一台机器人，取名 Unimate（见图 1-2）。这种机器人采用极坐标式结构，外形完全像坦克炮塔，可以实现回转、伸缩、俯仰等动作。

　　在 Devol 申请专利到真正实现设想的这 8 年时间里，美国机床与铸造公司（AMF）也在从事机器人的研究工作，并于 1960 年生产了一台被命名为 Versation 的圆柱坐标型的数控自动机械，并以 Industrial Robot（工业机器人）的名称进行宣传。通常认为这是世界上最早的工业机器人。

Unimate 和 Versation 这两种型号的机器人以"示教再现"的方式在汽车生产线上成功地代替工人进行传送、焊接、喷漆等作业，它们在工作中反映出来的经济效益、可靠性、灵活性，令其他发达国家工业界为之倾倒。于是，Unimate 和 Versation 作为商品开始在世界市场上销售。

1.1 工业机器人概述

1.1.1 工业机器人的应用领域

（1）喷漆机器人

如图 1-3 所示，喷漆机器人能在恶劣环境下连续工作，并具有工作灵活、工作精度高等特点，因此喷漆机器人被广泛应用于汽车、大型结构件等喷漆生产线，以保证产品的加工质量、提高生产效率、减轻操作人员劳动强度。

图 1-3　喷漆机器人

（2）焊接机器人

用于焊接的机器人一般分为图 1-4 所示的点焊机器人和图 1-5 所示的弧焊机器人两种。弧焊接机器人作业精确，可以连续不知疲劳地进行工作，但在作业中会遇到部件稍有偏位或焊缝形状有所改变的情况，人工作业时，因能看到焊缝，可以随时作出调整，而焊接机器人，因为是按事先编号的程序工作，不能很快调整。

图 1-4　Fanuc S-420 点焊机器人

图 1-5　弧焊机器人实例

（3）上下料机器人

如图 1-6 所示，目前我国大部分生产线上的机床装卸工件仍由人工完成，其劳动强度大，生产效率低，而且具有一定的危险性，已经满足不了生产自动化的发展趋势，为提高工作效率，降低成本，并使生产线发展为柔性生产系统，应现代机械行业自动化生产的要求，越来越

图 1-6　数控机床用上下料机器人

多的企业已经开始利用工业机器人进行上下料了。

(4) 装配工业机器人

如图 1-7 所示,装配工业机器人是专门为装配而设计的工业机器人,与一般工业机器人比较,它具有精度高、柔顺性好、工作范围小、能与其他系统配套使用等特点。使用装配机器人可以保证产品质量,降低成本,提高生产自动化水平。

(a) 机器人　　　　　　　　　　　　　　(b) 装配工业机器人的应用

图 1-7　装配工业机器人

(5) 搬运机器人

在建筑工地,在海港码头,总能看到大吊车的身影,应当说吊车装运比起早起工人肩扛手抬已经进步多了,但这只是机械代替了人力,或者说吊车只是机器人的雏形,它还得完全依靠人操作和控制定位等,不能自主作业。图 1-8 所示的搬运机器人可进行自主的搬运。

(6) 码垛工业机器人

如图 1-9 所示,码垛工业机器人主要用于工业码垛。

(7) 包装机器人

计算机、通信和消费性电子行业(3C 行业)和化工、食品、饮料、药品工业是包装机器人的主要应用领域,图 1-10 是应用包装机器人在工作。3C 行业的产品产量大、周转速度快,

图1-8 搬运机器人

图1-9 码垛工业机器

图1-10 包装机器人在工作

成品包装任务繁重；化工、食品、饮料、药品包装由于行业特殊性，人工作业涉及安全、卫生、清洁、防水、防菌等方面的问题。

（8）喷丸机器人

如图1-11所示的喷丸机器人比人工清理效率高出10倍以上，而且工人可以避开污浊、嘈噪的工作环境，操作者只要改变计算机程序，就可以轻松改变不同的清理工艺。

（9）吹玻璃机器人

类似灯泡一类的玻璃制品，都是先将玻璃熔化，然后人工吹起成形的，熔化的玻璃温度高达1100℃以上，无论是搬运，还是吹制，工人不仅劳动强度很大，而且有害身体，工作的技术难度要求还很高。法国赛博格拉斯公司开发了两种6轴工业机器人，应用于"采集"（搬运）和"吹制"玻璃两项工作。

（10）核工业中的机器人

如图1-12所示，核工业机器人主要用于以核工业为背景的危险、恶劣场所，特别针对核电站、核燃料后处理厂及三废处理厂等放射性环境现场，可以对其核设施中的设备装置进行检查、维修和简单事故处理等工作。

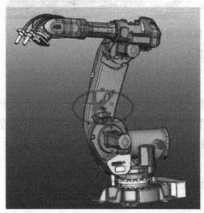

(a) 机器人

(b) 喷丸机器人的应用

图1-11 喷丸机器人

（11）机械加工工业机器人

这类机器人具有加工能力，本身具有加工工具，比如刀具等，刀具的运动是由工业机器人的控制系统控制的。主要用于切割（图 1-13）、去毛刺（图 1-14）、抛光与雕刻等轻型加工。这样的加工比较复杂，一般采用离线编程来完成。这类工业机器人有的已经具有了加工中心的某些特性，如刀库等。图 1-15 所示的雕刻工业机器人的刀库如图 1-16 所示。这类工业机器人的机械加工能力是远远低于数控机床的，因为刚度、强度等都没有数控机床好。

图 1-12　核工业中的机器人

图 1-13　激光切割机器人工作站

1.1.2　机器人的分类

机器人的分类方式很多，并已有众多类型机器人。关于机器人的分类，国际上没有制定统一的标准，从不同的角度可以有不同的分类。

按照日本工业机器人学会（JIRA）的标准，可将机器人进行如下分类：

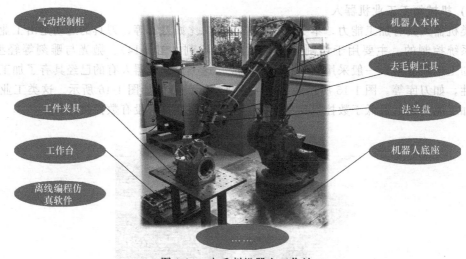

图1-14　去毛刺机器人工作站

图1-15　雕刻工业机器人

图1-16　雕刻工业机器人的刀库

第一类：人工操作机器人。此类机器人由操作员操作，具有多自由度。

第二类：固定顺序机器人。此类机器人可以按预定的方法有步骤地依此执行任务，其执行顺序难以修改。

第三类：可变顺序机器人。同第二类，但其顺序易于修改。

第四类：示教再现（playback）机器人。操作员引导机器人手动执行任务，记录下这些动作并由机器人以后再现执行，即机器人按照记录下的信息重复执行同样的动作。

第五类：数控机器人。操作员为机器人提供运动程序，并不是手动示教执行任务。

第六类：智能机器人。机器人具有感知外部环境的能力，即使其工作环境发生变化，也能够成功地完成任务。

美国机器人学会（RIA）只将以上第三类至第六类视作机器人。

法国机器人学会（AFR）将机器人进行如下分类：

类型A：手动控制远程机器人的操作装置。

类型B：具有预定周期的自动操作装置。

类型C：具有连续性轨迹或点轨迹的可编程伺服控制机器人。

类型D：同类型C，但能够获取环境信息。

(1) 按照机器人的发展阶段分类

① 第一代机器人——示教再现型机器人　1947年，为了搬运和处理核燃料，美国橡树岭

国家实验室研发了世界上第一台遥控的机器人。1962 年美国又研制成功 PUMA 通用示教再现型机器人，这种机器人通过一个计算机，来控制一个多自由度的机械，通过示教存储程序和信息，工作时把信息读取出来，然后发出指令，这样机器人可以重复地根据人当时示教的结果，再现出这种动作。比方说汽车的点焊机器人，它只要把这个点焊的过程示教完以后，它总是重复这样一种工作。

② 第二代机器人——感觉型机器人　示教再现型机器人对于外界的环境没有感知，这个操作力的大小，这个工件存在不存在，焊接的好与坏，它并不知道，因此，在 20 世纪 70 年代后期，人们开始研究第二代机器人，叫感觉型机器人，这种机器人拥有类似人在某种功能的感觉，如力觉、触觉、滑觉、视觉、听觉等，它能够通过感觉来感受和识别工件的形状、大小、颜色。

③ 第三代机器人——智能型机器人　20 世纪 90 年代以来发明的机器人。这种机器人带有多种传感器，可以进行复杂的逻辑推理、判断及决策，在变化的内部状态与外部环境中，自主决定自身的行为。

(2) 按照控制方式分类

① 操作型机器人　能自动控制，可重复编程，多功能，有几个自由度，可固定或运动，用于相关自动化系统中。

② 程控型机器人　按预先要求的顺序及条件，依次控制机器人的机械动作。

③ 示教再现型机器人　通过引导或其他方式，先教会机器人动作，输入工作程序，机器人则自动重复进行作业。

④ 数控型机器人　不必使机器人动作，通过数值、语言等对机器人进行示教，机器人根据示教后的信息进行作业。

⑤ 感觉控制型机器人　利用传感器获取的信息控制机器人的动作。

⑥ 适应控制型机器人　机器人能适应环境的变化，控制其自身的行动。

⑦ 学习控制型机器人　机器人能"体会"工作的经验，具有一定的学习功能，并将所"学"的经验用于工作中。

⑧ 智能机器人　以人工智能决定其行动的机器人。

(3) 从应用环境角度分类

目前，国际上的机器人学者，从应用环境出发将机器人分为三类：制造环境下的工业机器人、非制造环境下的服务与仿人型机器人与网络机器人。

网络机器人有两类机器人，一类是把标准通信协议和标准人-机接口作为基本设施，再将它们与有实际观测操作技术的机器人融合在一起，即可实现无论何时何地，无论是谁都能使用的远程环境观测操作系统，这就是网络机器人。这种网络机器人基于 Web 服务器的网络机器人技术以 Internet 为构架，将机器人与 Internet 连接起来，采用客户端/服务器（C/S）模式，允许用户在远程终端上访问服务器，把高层控制命令通过服务器传送给机器人控制器，同时机器人的图像采集设备把机器人运动的实时图像再通过网络服务器反馈给远端用户，从而达到间接控制机器人的目的，实现对机器人的远程监视和控制。

如图 1-17 所示，另一类网络机器人是一种特殊的机器人，其"特殊"在于网络机器人没有固定的"身体"，网络机器人本质是网络自动程序，它存在于网络程序中，目前主要用来自动查找和检索互联网上的网站和网页内容。

(4) 按照机器人的运动形式分类

① 直角坐标型机器人　这种机器人的外形轮廓与数控镗铣床或三坐标测量机相似，如图1-18所示。3 个关节都是移动关节，关节轴线相互垂

图 1-17　网络机器人

直，相当于笛卡儿坐标系的 x、y 和 z 轴。它主要用于生产设备的上下料，也可用于高精度的装卸和检测作业。

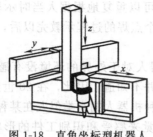

图 1-18　直角坐标型机器人

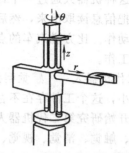

图 1-19　圆柱坐标型机器人

　　② 圆柱坐标型机器人　如图 1-19 所示，这种机器人以 θ、z 和 r 为参数构成坐标系。手腕参考点的位置可表示为 $p=(\theta,z,r)$。其中，r 是手臂的径向长度，θ 是手臂绕水平轴的角位移，z 是在垂直轴上的高度。如果 r 不变，操作臂的运动将形成一个圆柱表面，空间定位比较直观。操作臂收回后，其后端可能与工作空间内的其他物体相碰，移动关节不易防护。

　　③ 球（极）坐标型机器人　如图 1-20 所示，球（极）坐标型机器人腕部参考点运动所形成的最大轨迹表面是半径为 r 的球面的一部分，以 θ、φ、r 为坐标，任意点可表示为 $p=(\theta,\varphi,r)$。这类机器人占地面积小，工作空间较大，移动关节不易防护。

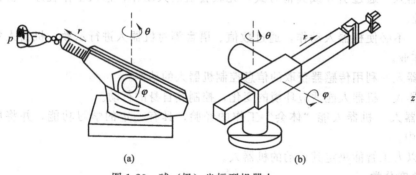

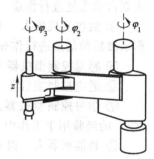

　　(a)　　　　　　　　　　　　(b)

图 1-20　球（极）坐标型机器人　　　　　　　图 1-21　SCARA 机器人

　　④ 平面双关节型机器人　平面双关节型机器人（selective compliance assembly robot arm，SCARA）有 3 个旋转关节，其轴线相互平行，在平面内进行定位和定向，另一个关节是移动关节，用于完成末端件垂直于平面的运动。手腕参考点的位置是由两旋转关节的角位移 φ_1、φ_2 和移动关节的位移 z 决定的，即 $p=(\varphi_1,\varphi_2,z)$，如图 1-21 所示。这类机器人结构轻便、响应快。例如 Adept I 型 SCARA 机器人的运动速度可达 10m/s，比一般关节式机器人快数倍。它最适用于平面定位，而在垂直方向进行装配的作业。

　　⑤ 多关节坐标型机器人　这类机器人由 2 个肩关节和 1 个肘关节进行定位，由 2 个或 3 个腕关节进行定向。其中，1 个肩关节绕铅直轴旋转，另 1 个肩关节实现俯仰，这 2 个肩关节轴线正交，肘关节平行于第 2 个肩关节轴线，如图 1-22 所示。这种构形动作灵活，工作空间大，在作业空间内手臂的干涉最小，结构紧凑，占地面积小，关节上相对运动部位容易密封防尘。这类机器人运动学较复杂，运动学反解困难，确定末端件执行器的位姿不直观，进行控制时，计算量比较大。

　　对于不同坐标型式的机器人，其特点、工作范围及其性能也不同，如表 1-1 所示。

　　(5) 按照机器人移动性分类

　　可分为半移动式机器人（机器人整体固定在某个位置，只有部分可以运动，例如机械手）和移动机器人。

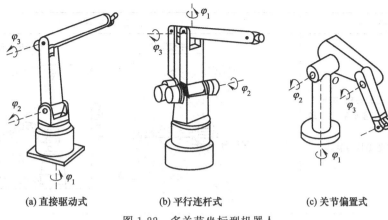

(a) 直接驱动式　　　　　　　(b) 平行连杆式　　　　　　　(c) 关节偏置式

图 1-22　多关节坐标型机器人

表 1-1　不同坐标型机器人的性能比较

项目	特 点	工 作 空 间
直角坐标型	在直线方向上移动,运动容易想象 通过计算机控制实现,容易达到高精度 占地面积大,运动速度低 直线驱动部分难以密封、防尘,容易被污染	
圆柱坐标型	容易想象和计算,直线部分可采用液压驱动,可输出较大的动力 能够伸入型腔式机器内部,它的手臂可以到达的空间受到限制,不能到达近立柱或近地面的空间 直线驱动部分难以密封、防尘 后臂工作时,手臂后端会碰到工作范围内的其他物体	
极坐标型	中心支架附近的工作范围大,两个转动驱动装置容易密封,覆盖工作空间较大 坐标复杂,难于控制 直线驱动装置仍存在密封及工作死区的问题	

续表

项目	特 点	工作空间
多关节坐标型	关节全都是旋转的,类似于人的手臂,是工业机器人中最常见的结构 它的工作范围较为复杂	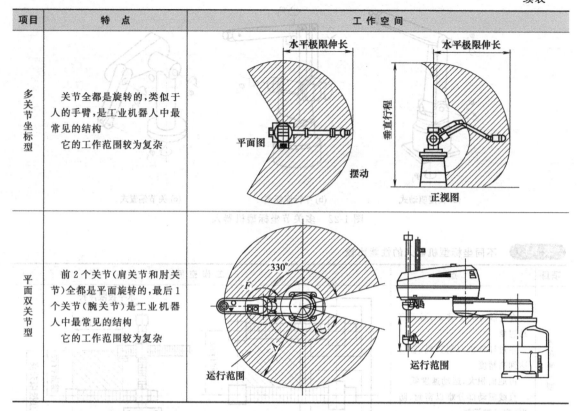
平面双关节型	前2个关节(肩关节和肘关节)全都是平面旋转的,最后1个关节(腕关节)是工业机器人中最常见的结构 它的工作范围较为复杂	

(6) 按照机器人的移动方式分类

可分为轮式移动机器人、步行移动机器人（单腿式、双腿式和多腿式)、履带式移动机器人、爬行机器人、蠕动式机器人和游式式机器人等类型。

(7) 按照机器人的功能和用途分类

可分为医疗机器人、军用机器人、海洋机器人、助残机器人、清洁机器人和管道检测机器人等。

(8) 按照机器人的作业空间分类

可分为陆地室内移动机器人、陆地室外移动机器人、水下机器人、无人飞机和空间机器人等。

(9) 按机器人的驱动方式分类

① 气动式机器人　气动式机器人以压缩空气来驱动其执行机构。这种驱动方式的优点是空气来源方便,动作迅速,结构简单,造价低;缺点是空气具有可压缩性,致使工作速度的稳定性较差。因气源压力一般只有 60MPa 左右,故此类机器人适宜抓举力要求较小的场合。

② 液动式机器人　相对于气力驱动,液力驱动的机器人具有大得多的抓举能力,可高达上百千克。液力驱动式机器人结构紧凑,传动平稳且动作灵敏,但对密封的要求较高,且不宜在高温或低温的场合工作,要求的制造精度较高,成本较高。

③ 电动式机器人　目前越来越多的机器人采用电力驱动式,这不仅是因为电动机可供选择的品种众多,更因为可以运用多种灵活的控制方法。

电力驱动利用各种电动机产生的力或力矩,直接或经过减速机构驱动机器人,以获得所需的位置、速度、加速度。电力驱动具有无污染、易于控制、运动精度高、成本低、驱动效率高等优点,其应用最为广泛。

电力驱动又可分为步进电动机驱动、直流伺服电动机驱动、无刷伺服电动机驱动等。

④ 新型驱动方式机器人 伴随着机器人技术的发展，出现了利用新的工作原理制造的新型驱动器，如静电驱动器、压电驱动器、形状记忆合金驱动器、人工肌肉及光驱动器等。

（10）按机器人的控制方式分类

按照机器人的控制方式可分为如下几类。

① 非伺服机器人 非伺服机器人按照预先编好的程序顺序进行工作，使用限位开关、制动器、插销板和定序器来控制机器人的运动。插销板用来预先规定机器人的工作顺序，而且往往是可调的。定序器是一种按照预定的正确顺序接通驱动装置的能源。驱动装置接通能源后，就带动机器人的手臂、腕部和手部等装置运动。

当它们移动到由限位开关所规定的位置时，限位开关切换工作状态，给定序器送去一个工作任务已经完成的信号，并使终端制动器动作，切断驱动能源，使机器人停止运动。非伺服机器人工作能力比较有限。

② 伺服控制机器人 伺服控制机器人通过传感器取得的反馈信号与来自给定装置的综合信号比较后，得到误差信号，经过放大后用以激发机器人的驱动装置，进而带动手部执行装置以一定规律运动，到达规定的位置或速度等，这是一个反馈控制系统。伺服系统的被控量可为机器人手部执行装置的位置、速度、加速度和力等。伺服控制机器人比非伺服机器人有更强的工作能力。

伺服控制机器人按照控制的空间位置不同，又可以分为点位伺服控制和连续轨迹伺服控制。

a. 点位伺服控制 点位伺服控制机器人的受控运动方式为从一个点位目标移向另一个点位目标，只在目标点上完成操作。机器人可以以最快和最直接的路径从一个端点移到另一端点。

按点位方式进行控制的机器人，其运动为空间点到点之间的直线运动，在作业过程中只控制几个特定工作点的位置，不对点与点之间的运动过程进行控制。在点位伺服控制的机器人中，所能控制点数的多少取决于控制系统的复杂程度。

通常，点位伺服控制机器人适用于只需要确定终端位置而对编程点之间的路径和速度不做主要考虑的场合。点位控制主要用于点焊、搬运机器人。

b. 连续轨迹伺服控制 连续轨迹伺服控制机器人能够平滑地跟随某个规定的路径，其轨迹往往是某条不在预编程端点停留的曲线路径。

按连续轨迹方式进行控制的机器人，其运动轨迹可以是空间的任意连续曲线。机器人在空间的整个运动过程都处于控制之下，能同时控制两个以上的运动轴，使得手部位置可沿任意形

(a) 2自由度并联机构　　　　(b) 3自由度并联机构　　　　(c) 6自由度并联机构

图 1-23　并联机器人

状的空间曲线运动，而手部的姿态也可以通过腕关节的运动得以控制，这对于焊接和喷涂作业是十分有利的。

连续轨迹伺服控制机器人具有良好的控制和运行特性，由于数据是依时间采样的，而不是依预先规定的空间采样，因此机器人的运行速度较快、功率较小、负载能力也较小。连续轨迹伺服控制机器人主要用于弧焊、喷涂、打飞边毛刺和检测机器人。

(11) 按机器人关节连接布置形式分类

按机器人关节连接布置形式，机器人可分为串联机器人和并联机器人（图 1-23）两类。从运动形式来看，并联机构可分为平面机构和空间机构；细分可分为平面移动机构、平面移动转动机构、空间纯移动机构、空间纯转动机构和空间混合运动机构。

1.2 机器人的组成与工作原理

1.2.1 工业机器人的基本组成

工业机器人通常由执行机构、驱动系统、控制系统和传感系统四部分组成，如图 1-24 所示。工业机器人各组成部分之间的相互作用关系如图 1-25 所示。

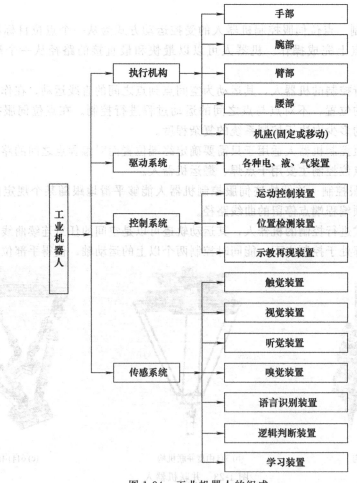

图 1-24　工业机器人的组成

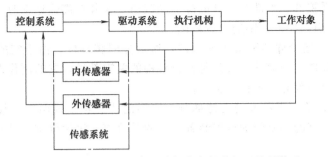

图 1-25 工业机器人各组成部分之间的相互作用关系

(1) 执行机构

执行机构是机器人赖以完成工作任务的实体，通常由一系列连杆、关节或其他形式的运动副所组成。从功能的角度可分为手部、腕部、臂部、腰部和机座，如图 1-26 所示。

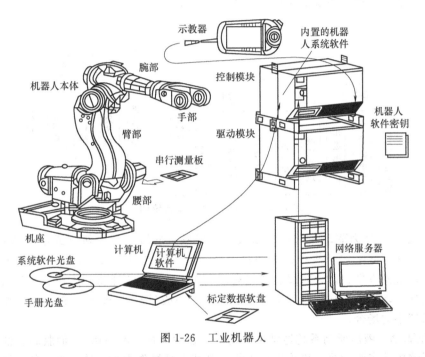

图 1-26 工业机器人

① 手部 工业机器人的手部也叫作末端执行器，是装在机器人手腕上直接抓握工件或执行作业的部件。手部对于机器人来说是完成作业好坏、作业柔性好坏的关键部件之一。

手部可以像人手那样具有手指，也可以不具备手指；可以是类似人手的手爪，也可以是进行某种作业的专用工具，比如机器人手腕上的焊枪、油漆喷头等。各种手部的工作原理不同，结构形式各异，常用的手部按其夹持原理的不同，可分为机械式、磁力式和真空式三种。

② 腕部 工业机器人的腕部是连接手部和臂部的部件，起支撑手部的作用。机器人一般具有六个自由度才能使手部达到目标位置和处于期望的姿态，腕部的自由度主要是实现所期望的姿态，并扩大臂部运动范围。手腕按自由度个数可分为单自由度手腕、二自由度手腕和三自由度手腕。腕部实际所需要的自由度数目应根据机器人的工作性能要求来确定。在有些情况下，腕部具有两个自由度：翻转和俯仰或翻转和偏转。有些专用机器人没有手腕部件，而是直接将手部安装在手部的前端；有的腕部为了特殊要求还有横向移动自由度。

③ 臂部 工业机器人的臂部是连接腰部和腕部的部件，用来支撑腕部和手部，实现较大运动范围。臂部一般由大臂、小臂（或多臂）所组成。臂部总质量较大，受力一般比较复杂，

在运动时，直接承受腕部、手部和工件的静、动载荷，尤其在高速运动时，将产生较大的惯性力（或惯性力矩），引起冲击，影响定位精度。

④ 腰部　腰部是连接臂部和机座的部件，通常是回转部件。由于它的回转，再加上臂部的运动，就能使腕部作空间运动。腰部是执行机构的关键部件，它的制作误差、运动精度和平稳性对机器人的定位精度有决定性的影响。

⑤ 机座　机座是整个机器人的支持部分，有固定式和移动式两类。移动式机座用来扩大机器人的活动范围，有的是专门的行走装置，有的是轨道、滚轮机构。机座必须有足够的刚度和稳定性。

(2) 驱动系统

工业机器人的驱动系统是向执行系统各部件提供动力的装置，包括驱动器和传动机构两部分，它们通常与执行机构连成一体。驱动器通常有电动、液压、气动装置以及把它们结合起来应用的综合系统。常用的传动机构有谐波传动、螺旋传动、链传动、带传动以及各种齿轮传动等机构。工业机器人驱动系统的组成如图 1-27 所示。

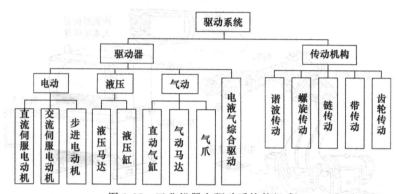

图 1-27　工业机器人驱动系统的组成

① 气力驱动　气力驱动系统通常由气缸、气阀、气罐和空压机（或由气压站直接供给）等组成，以压缩空气来驱动执行机构进行工作。其优点是空气来源方便、动作迅速、结构简单、造价低、维修方便、防火防爆、漏气对环境无影响，缺点是操作力小、体积大、速度不易控制、响应慢、动作不平稳、有冲击。因起源压力一般只有 60MPa 左右，故此类机器人适宜抓举力要求较小的场合。

② 液压驱动　液压驱动系统通常由液动机（各种油缸、油马达）、伺服阀、油泵、油箱等组成，以压缩机油来驱动执行机构进行工作。其特点是操作力大、体积小、传动平稳且动作灵敏、耐冲击、耐振动、防爆性好。相对于气力驱动，液压驱动的机器人具有大得多的抓举能力，可高达上百千克。但液压驱动系统对密封的要求较高，且不宜在高温或低温的场合工作，要求的制造精度较高，成本较高。

③ 电力驱动　电力驱动利用电动机产生的力或力矩，直接或经过减速机构驱动机器人，以获得所需的位置、速度和加速度。电力驱动具有电源易取得，无环境污染，响应快，驱动力较大，信号检测、传输、处理方便，可采用多种灵活的控制方案，运动精度高，成本低，驱动效率高等优点，是目前机器人使用最多的一种驱动方式。驱动电动机一般采用步进电动机、直流伺服电动机以及交流伺服电动机。由于电动机转速高，通常还须采用减速机构。目前有些机构已开始采用无须减速机构的特制电动机直接驱动，这样既可简化机构，又可提高控制精度。

④ 其他驱动方式　采用混合驱动，即液、气或电、气混合驱动。

(3) 控制系统

控制系统的任务是根据机器人的作业指令程序以及从传感器反馈回来的信号支配机器人的

执行机构完成固定的运动和功能。若工业机器人不具备信息反馈特征，则为开环控制系统；若具备信息反馈特征，则为闭环控制系统。

工业机器人的控制系统主要由主控计算机和关节伺服控制器组成，如图 1-28 所示。上位主控计算机主要根据作业要求完成编程，并发出指令控制各伺服驱动装置使各杆件协调工作，同时还要完成环境状况、周边设备之间的信息传递和协调工作。关节伺服控制器用于实现驱动单元的伺服控制、轨迹插补计算以及系统状态监测。机器人的测量单元一般安装在执行部件中的位置检测元件（如光电编码器）和速度检测元件（如测速电机），这些检测量反馈到控制器中或者用于闭环控制或者用于监测或者进行示教操作。人机接口除了包括一般的计算机键盘、鼠标外，通常还包括手持控制器（示教盒），通过手持控制器可以对机器人进行控制和示教操作。

工业机器人通常具有示教再现和位置控制两种方式。示教再现控制就是操作人员通过示教装置把作业程序内容编制成程序，输入到记忆装置中，在外部给出启动命令后，机器人从记忆装置中读出信息并送到控制装置，发出控制信号，由驱动机构控制机械手的运动，在一定精度范围内按照记忆装置中的内容完成给定的动作。实质上，工业机器人与一般自动化机械的最大区别就是它具有"示教再现"功能，因而表现出通用、灵活的"柔性"特点。

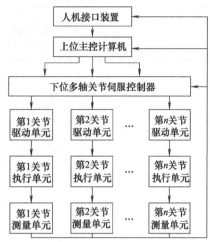

图 1-28　工业机器人控制系统一般构成

工业机器人的位置控制方式有点位控制和连续路径控制两种。其中，点位控制这种方式只关心机器人末端执行器的起点和终点位置，而不关心这两点之间的运动轨迹，这种控制方式可完成无障碍条件下的点焊、上下料、搬运等操作。连续路径控制方式不仅要求机器人以一定的精度达到目标点，而且对移动轨迹也有一定的精度要求，如机器人喷漆、弧焊等操作。实质上这种控制方式是以点位控制方式为基础，在每两点之间用满足精度要求的位置轨迹插补算法实现轨迹连续化的。

（4）传感系统

传感系统是机器人的重要组成部分，按其采集信息的位置，一般可分为内部和外部两类传感器。内部传感器是完成机器人运动控制所必需的传感器，如位置、速度传感器等，用于采集机器人内部信息，是构成机器人不可缺少的基本元件。外部传感器检测机器人所处环境、外部物体状态或机器人与外部物体的关系。常用的外部传感器有力觉传感器、触觉传感器、接近觉传感器、视觉传感器等。一些特殊领域应用的机器人还可能需要具有温度、湿度、压力、滑动量、化学性质等感觉能力方面的传感器。机器人传感器的分类如表 1-2 所示。

传统的工业机器人仅采用内部传感器，用于对机器人运动、位置及姿态进行精确控制。使用外部传感器，使得机器人对外部环境具有一定程度的适应能力，从而表现出一定程度的智能。

1.2.2　机器人的基本工作原理

现在广泛应用的工业机器人都属于第一代机器人，它的基本工作原理是示教再现，如图 1-29 所示。

示教也称为导引，即用户引导机器人，一步步将实际任务操作一遍，机器人在引导过程中自动记忆示教的每个动作的位置、姿态、运动参数、工艺参数等，并自动生成一个连续执行全部操作的程序。

表 1-2 机器人传感器的分类

内部传感器	用途	机器人的精确控制
	检测的信息	位置、角度、速度、加速度、姿态、方向等
	所用传感器	微动开关、光电开关、差动变压器、编码器、电位计、旋转变压器、测速发电机、加速度计、陀螺、倾角传感器、力(或力矩)传感器等
外部传感器	用途	了解工件、环境或机器人在环境中的状态,对工件的灵活、有效的操作
	检测的信息	工件和环境:形状、位置、范围、质量、姿态、运动、速度等 机器人与环境:位置、速度、加速度、姿态等 对工件的操作:非接触(间隔、位置、姿态等)、接触(障碍检测、碰撞检测等)、触觉(接触觉、压觉、滑觉)、夹持力等
	所用传感器	视觉传感器、光学测距传感器、超声测距传感器、触觉传感器、电容传感器、电磁感应传感器、限位传感器、压敏导电橡胶、弹性体加应变片等

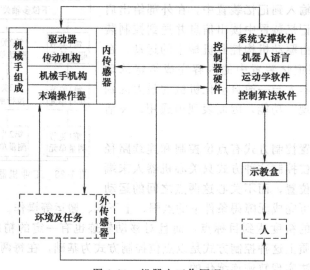

图 1-29 机器人工作原理

完成示教后,只需给机器人一个启动命令,机器人将精确地按示教动作,一步步完成全部操作,这就是示教与再现。

(1) 机器人手臂的运动

机器人的机械臂由数个刚性杆体和旋转或移动的关节连接而成,是一个开环关节链,开链的一端固接在机座上,另一端是自由的,安装着末端执行器(如焊枪),在机器人操作时,机器人手臂前端的末端执行器必须与被加工工件处于相适应的位置和姿态,而这些位置和姿态是由若干个臂关节的运动所合成的。

因此,机器人运动控制中,必须要知道机械臂各关节变量空间和末端执行器的位置和姿态之间的关系,这就是机器人运动学模型。一台机器人机械臂的几何结构确定后,其运动学模型即可确定,这是机器人运动控制的基础。

(2) 机器人轨迹规划

机器人机械手端部从起点的位置和姿态到终点的位置和姿态的运动轨迹空间曲线叫作路径。

轨迹规划的任务是用一种函数来"内插"或"逼近"给定的路径,并沿时间轴产生一系列"控制设定点",用于控制机械手运动。目前常用的轨迹规划方法有空间关节插值法和笛卡儿空间规划两种方法。

（3）机器人机械手的控制

当一台机器人机械手的动态运动方程已给定，它的控制目的就是按预定性能要求保持机械手的动态响应。但是由于机器人机械手的惯性力、耦合反应力和重力负载都随运动空间的变化而变化，因此要对它进行高精度、高速度、高动态品质的控制是相当复杂而困难的。

目前工业机器人上采用的控制方法是把机械手上每一个关节都当作一个单独的伺服机构，即把一个非线性的、关节间耦合的变负载系统，简化为线性的非耦合单独系统。

1.3　机器人的基本术语与符号

1.3.1　机器人的基本术语

（1）关节

关节（joint）：即运动副，是允许机器人手臂各零件之间发生相对运动的机构，是两构件直接接触并能产生相对运动的活动连接，如图 1-30 所示。A、B 两部件可以做互动连接。

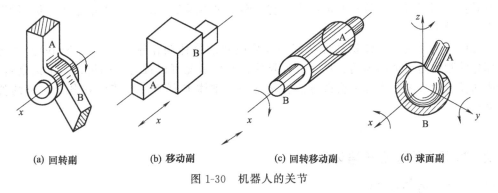

|(a) 回转副|(b) 移动副|(c) 回转移动副|(d) 球面副|

图 1-30　机器人的关节

高副机构（higher pair），简称高副，指的是运动机构的两构件通过点或线的接触而构成的运动副。例如齿轮副和凸轮副就属于高副机构。平面高副机构拥有两个自由度，即相对接触面切线方向的移动和相对接触点的转动。相对而言，通过面的接触而构成的运动副叫作低副机构。

关节是各杆件间的结合部分，是实现机器人各种运动的运动副，由于机器人的种类很多，其功能要求不同，关节的配置和传动系统的形式都不同。机器人常用的关节有移动、旋转运动副。一个关节系统包括驱动器、传动器和控制器，属于机器人的基础部件，是整个机器人伺服系统中的一个重要环节，其结构、重量、尺寸对机器人性能有直接影响。

① 回转关节　回转关节，又叫作回转副、旋转关节，是使连接两杆件的组件中的一件相对于另一件绕固定轴线转动的关节，两个构件之间只作相对转动的运动副。如手臂与机座、手臂与手腕，并实现相对回转或摆动的关节机构，由驱动器、回转轴和轴承组成。多数电动机能直接产生旋转运动，但常需各种齿轮、链、带传动或其他减速装置，以获取较大的转矩。

② 移动关节　移动关节，又叫作移动副、滑动关节、棱柱关节，是使两杆件的组件中的一件相对于另一件作直线运动的关节，两个构件之间只作相对移动。它采用直线驱动方式传递运动，包括直角坐标结构的驱动，圆柱坐标结构的径向驱动和垂直升降驱动，以及极坐标结构的径向伸缩驱动。直线运动可以直接由气缸或液压缸和活塞产生，也可以采用齿轮齿条、丝杠、螺母等传动元件把旋转运动转换成直线运动。

③ 圆柱关节　圆柱关节，又叫作回转移动副、分布关节，是使两杆件的组件中的一件相对于另一件移动或绕一个移动轴线转动的关节，两个构件之间除了作相对转动之外，还同时可以作相对移动。

④ 球关节　球关节，又叫作球面副，是使两杆件的组件中的一件相对于另一件在三个自由度上绕一固定点转动的关节，即组成运动副的两构件能绕一球心作三个独立的相对转动的运动副。

(2) 连杆

连杆（link）：指机器人手臂上被相邻两关节分开的部分，是保持各关节间固定关系的刚体，是机械连杆机构中两端分别与主动和从动构件铰接以传递运动和力的杆件。例如在往复活塞式动力机械和压缩机中，用连杆来连接活塞与曲柄。连杆多为钢件，其主体部分的截面多为圆形或工字形，两端有孔，孔内装有青铜衬套或滚针轴承，供装入轴销而构成铰接。

连杆是机器人中的重要部件，它连接着关节，其作用是将一种运动形式转变为另一种运动形式，并把作用在主动构件上的力传给从动构件以输出功率。

(3) 刚度

刚度（stiffness）：是机器人机身或臂部在外力作用下抵抗变形的能力。它是用外力和在外力作用方向上的变形量（位移）之比来度量。在弹性范围内，刚度是零件载荷与位移成正比的比例系数，即引起单位位移所需的力。它的倒数称为柔度，即单位力引起的位移。刚度可分为静刚度和动刚度。

在任何力的作用下，体积和形状都不发生改变的物体叫作刚体（rigid body）。在物理学上，理想的刚体是一个固体的、尺寸值有限的、形变情况可以被忽略的物体。不论是否受力，在刚体内任意两点的距离都不会改变。在运动中，刚体 E 任意一条直线在各个时刻的位置都保持平行。

1.3.2　机器人的图形符号体系

(1) 运动副的图形符号

机器人所用的零件和材料以及装配方法等与现有的各种机械完全相同。机器人常用的关节有移动、旋转运动副，常用的运动副图形符号如表 1-3 所示。

表 1-3　常用的运动副图形符号

运动副名称		运动副符号	
		两运动构件构成的运动副	两构件之一为固定时的运动副
平面运动副	转动副		
	移动副		
	平面高副		

运 动 副 名 称		运 动 副 符 号
空间运动副	螺旋副	
	球面副及球销副	

（2）基本运动的图形符号

机器人的基本运动与现有的各种机械表示也完全相同。常用的基本运动图形符号如表 1-4 所示。

表 1-4　常用的基本运动图形符号

序　号	名　　称	符　号
1	直线运动方向	单向　　双向
2	旋转运动方向	单向　　双向
3	连杆、轴关节的轴	
4	刚性连接	
5	固定基础	
6	机械联锁	

（3）运动机能的图形符号

机器人的运动机能常用的图形符号如表 1-5 所示。

表 1-5　机器人的运动机能常用的图形符号

编号	名称	图形符号	参考运动方向	备　注
1	移动（1）			
2	移动（2）			
3	回转机构			
4	旋转（1）	① ②		①一般常用的图形符号 ②表示①的侧向的图形符号
5	旋转（2）	① ②		①一般常用的图形符号 ②表示①的侧向的图形符号

续表

编号	名称	图形符号	参考运动方向	备 注
6	差动齿轮			
7	球关节			
8	握持			
9	保持			包括已成为工具的装置。工业机器人的工具此处未作规定
10	机座			

（4）运动机构的图形符号

机器人的运动机构常用的图形符号如表 1-6 所示。

表 1-6　机器人的运动机构常用的图形符号

序号	名称	自由度	符号	参考运动方向	备注
1	直线运动关节(1)	1			
2	直线运动关节(2)	1			
3	旋转运动关节(1)	1			
4	旋转运动关节(2)	1			平面
5		1			立体
6	轴套式关节	2			
7	球关节	3			
8	末端操作器		一般型　熔接　真空吸引		用途示例

（5）机器人的图形符号表示

机器人的描述方法可分为机器人机构简图、机器人运动原理图、机器人传动原理图、机器人速度描述方程、机器人位姿运动学方程、机器人静力学描述方程等。

　　机器人的机构简图是描述机器人组成机构的直观图形表达形式，是将机器人的各个运动部件用简便的符号和图形表达出来，此图可用上述图形符号体系中的文字与代号表示。常见工业机器人的机构简图如表 1-7 所示。

表 1-7　常见工业机器人的机构简图

厂家	型号	简图	规格	主要应用
ABB	IRB 2400		承载能力:5~16kg 到达距离:1.5~1.8m 精度:0.06mm 已安装14000套	弧焊 装配 清洁/喷雾 切割/修边 涂胶/密封 打磨/抛光 机加工 物料搬运 包装 弯板机管理
ABB	IRB 1410		承载能力:5kg 到达距离:1.44m 精度:0.05mm	弧焊
ABB	IRB 4400		承载能力:10~60kg 到达距离:1.95~2.55m 精度:0.1mm	弧焊 装配 清洁/喷雾 切割/修边 涂胶/密封 打磨/抛光 机加工 物料搬运 包装 货盘堆垛 弯板机管理

续表

厂家	型号	简图	规格	主要应用
ABB	IRB 6600		承载能力:125~225kg 到达距离:2.55~3.2m 精度:0.2mm	机加工 物料搬运 点焊
KUKA	KR 5 scara	KR 5 scara	承载能力:5kg 到达距离:350mm 精度:0.015mm	
KUKA	KR 5 scara		承载能力:5kg 到达距离:650mm 精度:0.02mm	
KUKA	KR 1000 Titan	略	承载能力:1000kg 精度:0.1mm	
FUNAC	R-2000iB		精度:0.3mm	

续表

厂家	型号	简图	规格	主要应用
MOTOMAN	DIA10		承载能力:10kg/arm 到达距离:2.5m 精度:+0.1mm 控制轴:15 活动度	
MOTOMAN	HP20		承载能力:20kg 到达距离:2.1m 精度:+0.06mm 控制轴:6 活动度	
MOTOMAN	IA20		承载能力:20kg 到达距离:1.59m 精度:+0.1mm 控制轴:7 活动度	

1.3.3　工业机器人的安全符号

不同型号的工业机器人其安全符号是不同的，表 1-8 为 ABB 工业机器人的安全符号。

表 1-8 ABB 工业机器人的安全符号

序号	标志	名称	说　　明
1		警告	警告如果不依照说明操作,可能会发生事故,造成严重的伤害(可能致命)和/或重大的产品损坏。该标志适用于以下险情 触碰高压电气单元、爆炸、火灾、吸入有毒气体、挤压、撞击、高空坠落等
2		注意	警告如果不依照说明操作,可能会发生能造成伤害和/或产品损坏的事故。该标志适用于以下险情 灼伤、眼部伤害、皮肤伤害、听力损伤、挤压或滑倒、跌倒、撞击、高空坠落等。此外,它还适用于某些涉及功能要求的警告消息,即在装配和移除设备过程中出现有可能损坏产品或引起产品故障的情况时,就会采用这一标志
3		禁止	与其他标志组合使用
4		参阅用户文档	请阅读用户文档,了解详细信息 符号所定义的要阅读的手册,一般为产品手册
5		参阅产品手册	在拆卸之前,请参阅产品手册
6		不得拆卸	拆卸此部件可能会导致伤害
7		旋转更大	此轴的旋转范围(工作区域)大于标准范围
8		制动闸释放	按此按钮将会释放制动闸。这意味着操纵臂可能会掉落

不同厂家的工业机器人其安全符号是不同的,表 1-8 为 ABB 工业机器人的安全符号。

序号	标志	名称	说　明
9		拧松螺栓有倾翻风险	如果螺栓没有固定牢靠,操纵器可能会翻倒
10		挤压	挤压伤害风险
11		高温	存在可能导致灼伤的高温风险
12	1~3,6—轴的运动方向	机器人移动	机器人可能会意外移动

序号	标志	名称	说　明
13		制动闸释放按钮	制动闸释放按钮
14		吊环螺栓	吊环螺栓
15		带缩短器的吊货链	带缩短器的吊货链
16		机器人提升	机器人提升
17		润滑油	如果不允许使用润滑油,则可与禁止标志一起使用

续表

序号	标志	名称	说　明
18		机械挡块	机械挡块
19		无机械 制动器	无机械制动器
20		储能	警告此部件蕴含储能 与不得拆卸标志一起使用
21		压力	警告此部件承受了压力。通常另外印有文字,标明 压力大小
22		使用手 柄关闭	使用控制器上的电源开关

第 2 章
工业机器人的整机安装与维护

　　不同的工业机器人其装调与维修是大同小异的，本书在没有特别说明的情况下均以 ABB 公司的 IRB 460 工业机器人为例来介绍。

2.1　ABB 工业机器人的安装

2.1.1　装运和运输姿态

　　图 2-1 显示了机器人的装运姿态，这也是推荐的运送姿态。各轴的角度如表 2-1 所示。

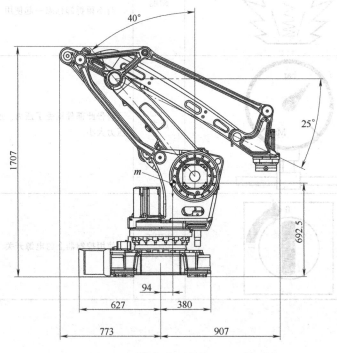

图 2-1　装运和运输姿态（单位：mm，后同）

表 2-1　装运和运输各轴角度

轴	角　度
1	0°
2	−40°
3	+25°

（1）用叉车抬升机器人

① 叉举设备组件　叉举设备组件与机器人的配合方式如图 2-2 所示。

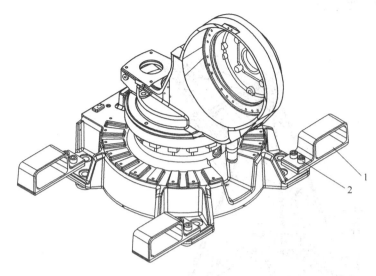

图 2-2　叉举设备组件与机器人的配合方式

1—叉举套；2—连接螺钉 M20×60，质量等级 8.8（2pcs×4）

② 操作步骤

a. 将机器人调整到装运姿态，如图 2-1 所示。

b. 关闭连接到机器人的电源、液压源、气压源。

c. 用连接螺钉将四个叉举套固定在机器人的底座上，如图 2-2 所示。

d. 检验所有四个叉举套都已正确固定后，再进行抬升。

e. 将叉车叉插入套中，如图 2-3 所示。

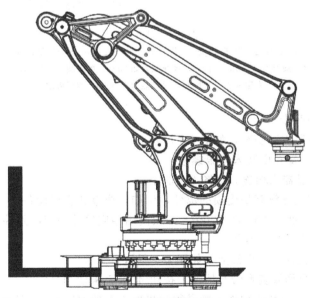

图 2-3　将叉车叉插入套中

f. 小心谨慎地抬起机器人并将其移动至安装现场，移动机器人时请保持低速。

注意：在任何情况下，人员均不得出现在悬挂载荷的下方；若有必要，应使用相应尺寸的起吊附件。

(2) 用圆形吊带吊升机器人

① 吊升组件（图 2-4）

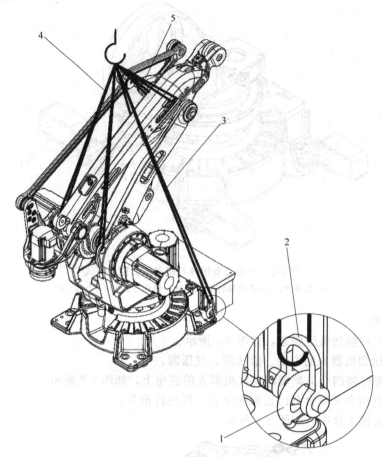

图 2-4 吊升组件

1—吊眼螺栓 M20（2pcs）；2—钩环（2pcs），提升能力 2000kg；3—圆形吊带，2m（2pcs），提升能力
2000kg；4—圆形吊带，2m（2pcs），提升能力 2000kg，单股缠绕；5—圆形吊带，2m，
固定而不使其旋转，提升能力 2000kg，双股缠绕

② 用圆形吊带吊升步骤

a. 将机器人调整到装运姿态，如图 2-1 所示。

b. 在背面的 M20 螺孔中装入吊眼螺栓。

c. 将圆形吊带与机器人相连，如图 2-4 所示。

d. 确保圆形吊带上方没有易受损的部件，例如，线束和客户设备。

注意：IRB 460 机器人重量为 925kg。必须使用相应尺寸的起吊附件！

(3) 手动释放制动闸操作步骤

内部制动闸释放装置位于机架上，如图 2-5 所示。

注意：内部制动闸释放装置带有按钮。按钮 4 和 5 未使用！

① 如果机器人未与控制器相连，则必须向机器人上的 R1. MP 连接器供电，以启动制动闸
释放按钮。给针脚 12 加上 0V 电压，给针脚 11 加上 24V 电压，如图 2-6 所示。内部制动闸释
放单元包含六个用于控制轴闸的按钮。按钮的数量与轴的数量一致（轴 4 和 5 不存在）。必须
确保机器人手臂附近或下方没有人。

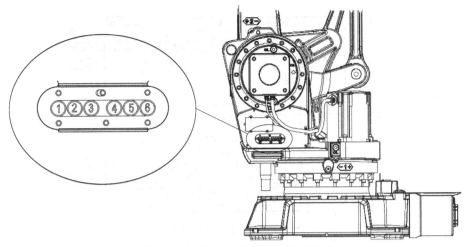

图 2-5 内部制动闸释放装置安装位置

② 按下内部制动闸释放装置上的对应按钮，即可释放特定机器人轴的制动闸。

③ 释放该按钮后，制动闸将恢复工作。

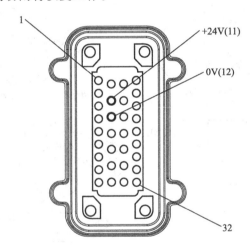

图 2-6 向 R1. MP 连接器供电

1,11,12,32—针孔位置，比如 11 孔与＋24V 相联，12 孔与 OV 相联。若不标明 1 孔（开始）
在何处、32 孔（结束）在何处，就很难找到某个孔的位置，比如 11 孔、12 孔的位置。

2.1.2 工业机器人本体安装

(1) 底板

底板如图 2-7 所示，底板结构如图 2-8 所示，其尺寸如图 2-9 所示。图 2-10 显示了底板上的定向凹槽和导向套螺孔。

(2) 将底板固定在基座上

① 确保基座水平。

② 若有必要，使用相应规格的吊升设备。

③ 使用底板上的三个凹槽，参照机器人的工作位置定位底板，如图 2-10 所示。

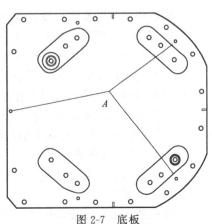

图 2-7 底板
A—三个吊眼的连接点

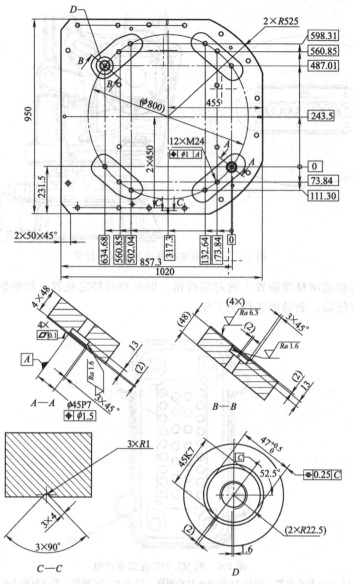

图 2-8　底板结构

④ 将底板吊至其安装位置，如图 2-7 所示。

⑤ 将底板作为模板，根据所选的螺栓尺寸的要求钻取 16 个连接螺孔。

⑥ 安装底板，并用调平螺栓调平底板，如图 2-10 所示。

⑦ 如有需要，在底板下填塞条状钢片，以填满所有间隙。

⑧ 用螺钉和套筒将底板固定在基座上。

⑨ 再次检查底板上的四个机器人接触表面，确保它们水平且平直。如未达到水平且平直的要求，需要使用一些钢片或类似的物品以将底板调平。

（3）确定方位并固定机器人

图 2-11 显示了安装在底板上的机器人基座，固定机器人的操作步骤如下。

① 吊起机器人。

② 将机器人移至其安装位置附近。

③ 将两个导向套安装到底板上的导向套孔中，如图 2-12 所示。

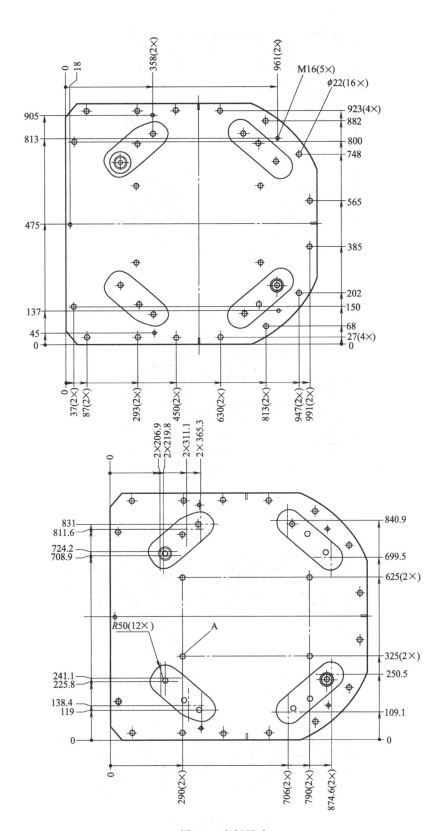

图 2-9　底板尺寸

A—用于替代夹紧的四个螺孔，4×φ18

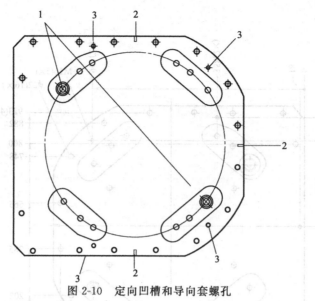

图 2-10 定向凹槽和导向套螺孔

1—导向套螺孔（2pcs）；2—定向凹槽（3pcs）；3—调平螺栓，连接点（4pcs）

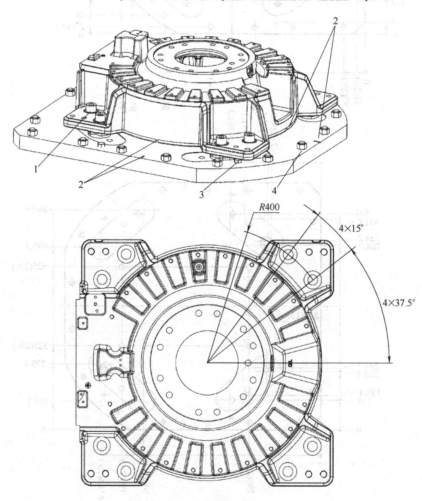

图 2-11 机器人基座

1—机器人连接螺栓和垫圈，8pcs（M24×100）；2—机器人底座中和底板中的定向凹槽；
3—调平螺钉（需在安装机器人机座之前卸下）；4—底板连接螺钉

④ 在将机器人降下放入其安装位置时，使用两个 M24 螺钉轻轻引导机器人。

⑤ 在底座的连接螺孔中安装螺栓和垫圈。

⑥ 以十字交叉方式拧紧螺栓以确保底座不被扭曲。组装之前，请先轻微润滑螺钉！

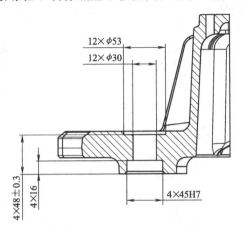

图 2-12　导向套

(4) 安装上臂信号灯

信号灯可作为选件安装到机器人上。当控制器处于"电机打开"状态时，信号灯将激活。

① 上臂信号灯的位置　信号灯位于倾斜机壳装置上，如图 2-13 所示。信号灯套件（IRB 760 上的信号灯套件）如图 2-14 所示。

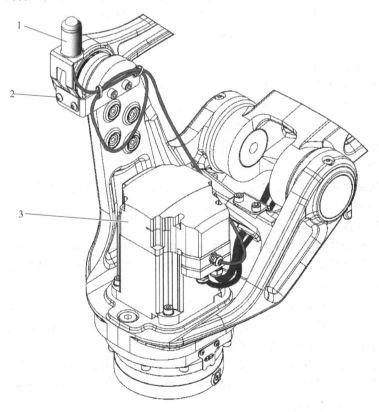

图 2-13　上臂信号灯的位置

1—信号灯；2—连接螺钉，M6×8（2pcs）；3—电机盖

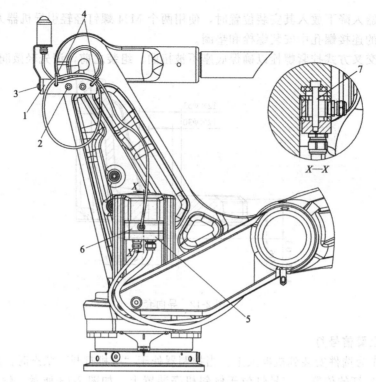

图 2-14 信号灯套件

1—信号灯支架；2—支架连接螺钉，M8×12（2pcs）；3—信号灯的连接螺钉（2pcs）；
4—电缆带（2pcs）；5—电缆接头盖；6—电机适配器（包括垫圈）；
7—连接螺钉，M6×40（1pcs）

② 信号灯的安装步骤

a. 用两颗连接螺钉将信号灯支架安装到倾斜机壳，如图 2-14 所示。

b. 用两颗连接螺钉将信号灯安装到支架，如图 2-14 所示。

c. 如果尚未连接，将信号灯连接到轴 6 电机。

d. 在信号电缆支架上用两条电缆带将信号电缆绕成圈。

③ 信号灯电气安装

a. 关闭连接到机器人的所有电源、液压源、气压源，然后再进入机器人工作区域。

b. 通过拧松四颗连接螺钉，卸下电机盖，如图 2-13 所示。

c. 断开电机连接器的连接。

d. 通过取下连接螺钉，卸下电缆出口处的电缆密封套盖，如图 2-15 所示。

e. 请查看如何将适配器安装到电机，然后将垫圈安装到将会朝下的适配器侧面。此垫圈将保护适配器的配合面及电缆密封套盖。

f. 将垫圈和电机适配器置于电缆密封套盖之上，然后将整个组件包再重新安装到电机。用信号灯套件中的连接螺钉 M6×40 进行固定。除了套件中提供的安装到适配器的垫圈，电机上也有垫圈。确保垫圈未受损。如有损坏，将其更换！

g. 推动信号电缆，使其穿过适配器的孔，然后连接到电机内部的连接器。

h. 从密封套松开电机电缆，然后通过调整电缆长度使其 +20mm 在电机内部。

i. 在电机内部连接电机电缆。

j. 重新将电机电缆固定到电缆密封套。

k. 用连接螺钉安装电机盖。在重新安装电机盖时，确保正确布线，不存在卡线的情况。

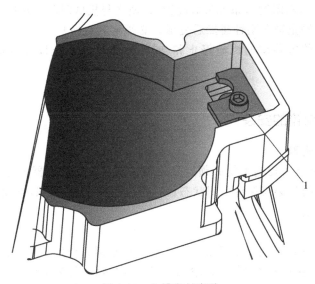

图 2-15　电缆密封套盖

1—用于固定电缆密封套的螺钉

(5) 限制工作范围

① 部件　安装机器人时，确保其可在整个工作空间内自由移动。如有可能与其他物体碰撞，则应限制其工作空间。

以轴 1 的工作范围可能受到限制［轴 1，硬件（机械停止）和软件（EPS）］作为标准配置，轴 1 可在±165°范围内活动。

通过固定的机械停止和调节系统参数配置可限制轴 1 的工作范围。通过添加额外的 7.5 或 15 分度的机械停止，可将两个方向上的工作范围均减少 22.5°～135°，如图 2-16 所示。

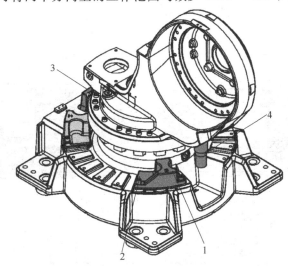

图 2-16　机械停止

1—可移动的机械止动 ；2—连接螺钉和垫圈，M12×40，质量等级 12.9（2 个）；

3—固定的机械止动；4—轴 1 机械停止销

② 安装步骤

a. 关闭连接到机器人的电源、液压源、气压源。

b. 根据图 2-16 将机械停止安装到机架处。

c. 调节软件工作范围限制（系统参数配置），使之与机械限制相对应。

注意：如果机械停止销在刚性碰撞后变形，必须将其更换！

刚性碰撞后变形的可移动的机械停止和/或额外的机械停止以及变形的连接螺钉也必须更换。

2.1.3 机器人控制箱的安装

(1) 用运输吊具运输

① 首要条件　机器人控制系统必须处于关断状态；不得在机器人控制系统上连接任何线缆；机器人控制系统的门必须保持关闭状态；机器人控制系统必须竖直放置；防翻倒架必须固定在机器人控制系统上。

② 操作步骤

a. 将环首螺栓拧入机器人控制系统中。环首螺栓必须完全拧入并且完全位于支承面上。

b. 将带或不带运输十字固定件的运输吊具悬挂在机器人控制系统的所有 4 个环首螺栓上。

c. 将运输吊具悬挂在载重吊车上。

d. 缓慢地抬起并运输机器人控制系统。

e. 在目标地点缓慢放下机器人控制系统。

f. 卸下机器人控制系统的运输吊具。

(2) 用叉车运输

如图 2-17 所示，用叉车运输的操作步骤如下。

① 带叉车袋的机器人控制系统；

② 带变压器安装组件的机器人控制系统；

③ 带滚轮附件组的机器人控制系统；

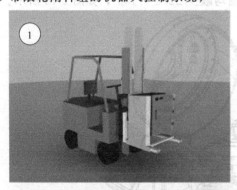

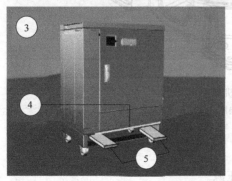

图 2-17　用叉车运输

④ 防翻倒架；

⑤ 用叉车叉取。

（3）用电动叉车进行运输

机器人控制系统及防翻倒架如图 2-18 所示。

图 2-18　用电动叉车进行运输

（4）脚轮套件

如图 2-19 所示，脚轮套件用于装在机器人控制系统的控制箱支座或叉孔处。利用脚轮套件可方便地将机器人控制系统从柜组中拉出或推入。

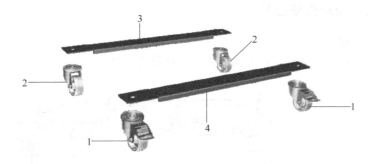

图 2-19　脚轮套件

1—带刹车的万向脚轮；2—不带刹车的万向脚轮；3—后横向支撑梁；4—前横向支撑梁

如果重物固定不充分或者起重装置失灵，则重物可能坠落并由此造成人员受伤或财产损失；检查吊具是否正确固定并仅使用具备足够承载力的起重装置；禁止在悬挂重物下停留。其操作步骤如下。

① 用起重机或叉车将机器人控制系统至少升起 40cm。

② 在机器人控制系统的正面放置一个横向支撑梁。横向支撑梁上的侧板朝下。

③ 将一个内六角螺栓 M12×35 由下穿过带刹车的万向脚轮、横向支撑梁和机器人控制系统。

④ 从上面用螺母将内六角螺栓连同平垫圈和弹簧垫圈拧紧（图 2-20）。拧紧转矩：86 N·m。

⑤ 以同样的方式将第二个带刹车的万向脚轮安装在机器人控制系统正面的另一侧。

⑥ 以同样的方式将两个不带刹车的万向脚轮安装在机器人控制系统的背面（图 2-21）。

⑦ 将机器人控制系统重新置于地面上。

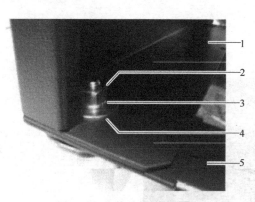

图 2-20 脚轮的螺纹连接件

1—机器人控制系统；2—螺母；3—弹簧垫圈；
4—平垫圈；5—横向支撑梁

图 2-21 脚轮套件

1—不带刹车的万向脚轮；2—带刹车的万向脚轮；
3—横向支撑梁

2.2 工业机器人的校准

2.2.1 校准范围和正确轴位置

（1）校准范围/标记

图 2-22 显示了机器人 IRB 460 上校准范围和标记的位置。

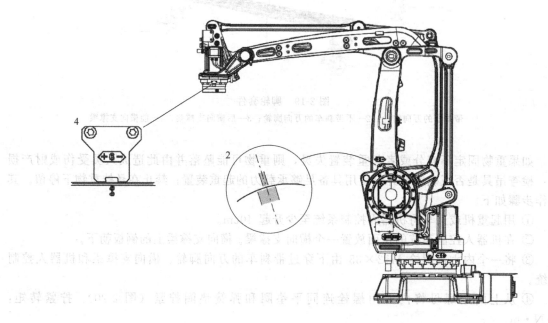

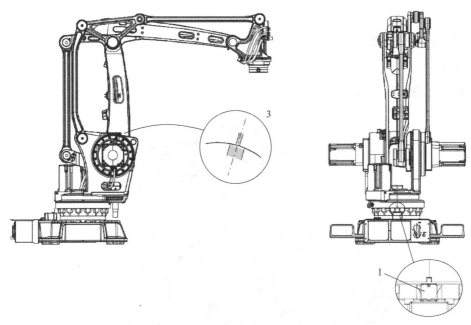

图 2-22　校准范围/标记

1—校准盘，轴 1；2—校准标记，轴 2；3—校准标记，轴 3；4—校准盘和标记，轴 6

(2) 校准运动方向

图 2-23 显示了 IRB 260 的正方向。对所有 4 轴机器人而言，正方向都相同。

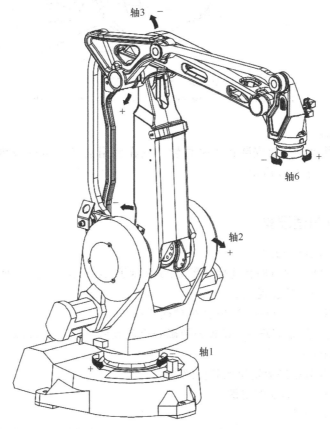

图 2-23　正方向

2.2.2 转动盘适配器

(1) 结构

转动盘适配器如图 2-24 所示。

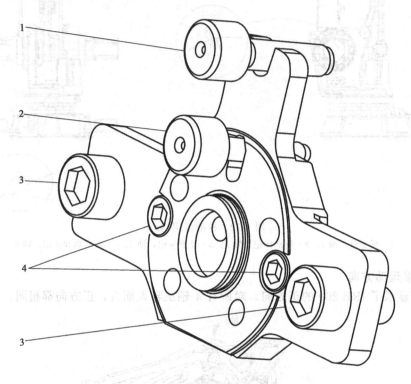

图 2-24　转动盘适配器

1—导销 8mm；2—导销 6mm；3—螺钉 M10；4—螺钉 M6

(2) 存放和预热

存放后，必须将摆锤工具安装在水平位置，且在使用前必须至少预热（通电）5min。存放位置或预热位置如图 2-25 所示。

2.2.3 准备转动盘适配器

(1) 启动 Levelmeter 2000

① Levelmeter 2000 的布局和连接　图 2-26 显示了 Levelmeter 2000 的布局和连接。

② Levelmeter 2000 的设置

a. 在使用之前对 Levelmeter 2000 至少预热 5min。

b. 将角度的计量单位（DEG）设置为精确到小数点后三位，如 0.330 等。

③ 启动 Levelmeter

a. 使用所附的电缆连接测量单元和传感器。

b. 开启 Levelmeter 2000 的电源。

c. 连接传感器 A 和 B。

d. 将 Levelmeter 2000 的 OUT（connection SIO1）与控制柜内的 COM1 端口相连。

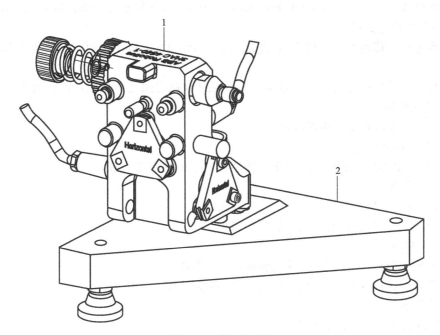

图 2-25　存放和预热
1—校准摆锤 3HAC4540-1；2—校准盘 3HAC020552-002

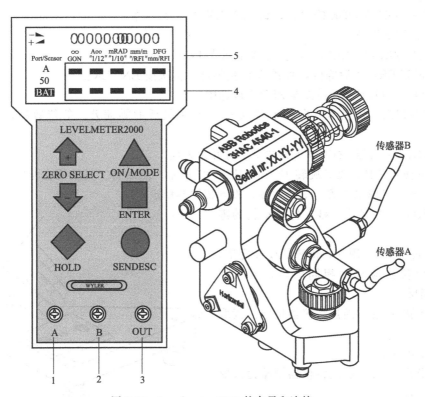

图 2-26　Levelmeter 2000 的布局和连接
1—连接传感器 A；2—连接传感器 B；3—连接 SIO1；4—选择指针；5—计量单位

e. 校准机器人。

④ Levelmeter 2000 的电源有两种方式可供选择。

a. 电池模式　按下 ON/MODE 开启 Levelmeter，直到显示屏闪烁。这会关闭电池节电模式。使用后不要忘记关闭。

b. 外部电源　将电源线（红/黑）连接到 12～48V DC，位于机柜（连接器 XT31）或外部电源。

⑤ 地址　确保传感器有不同的地址。只要地址彼此之间互不相同，任何地址都可行。

⑥ 测定传感器

a. 将传感器连接到传感器连接点。

b. 按 ON/MODE。

c. 按 ON/MODE，直到 SENSOR（传感器）下面的圆点闪烁。

d. 按 ENTER。

e. 按 ZERO/SELECT 箭头，直到 A、B 闪烁。

f. 按 ENTER。等待，直到 A、B 再次闪烁。

g. 按 ENTER。

(2) 校准传感器（校准摆锤）和 **Levelmeter 2000**

① 传感器安装到校准盘　传感器安装到校准盘如图 2-25 所示。

② 校准传感器

a. 将校准盘放在平稳的底座上。

b. 用异丙醇清洁校准盘表面和传感器的三个接触面。

c. 将传感器安装到两个合理位置之一。

d. 重复按 ON/MODE 按钮，直到 SENSOR 文本被选中。

e. 重复按 ENTER。

f. 重复按 ZERO/SELECT，直到 A 显示在 Port/Sensor 的下方。

g. 按 ENTER，然后等待，直到 A 停止闪烁。再次按 ENTER。

h. 按 ON/MODE，直到文本 ZERO 被选中。

i. 按 ENTER。将显示方向指示灯（＋/－）和最后的零偏差。等待数秒，直到传感器稳定。

j. 按 HOLD，直到 ZERO 下方的指示灯开始闪烁。

k. 取下摆锤工具，将其旋转 180°，如图 2-27 所示。然后将工具安装在相应的孔型中。注意！不要更改校准盘的位置。等待数秒，直到传感器稳定。

l. 按 HOLD 并等待数秒。将显示新的零偏差。

m. 按 ENTER。现在，传感器校准完毕，对于这两个位置应显示相同的值，但极性（＋/－）相反。

n. 按步骤 d～g 中所述将仪器调整为读取传感器 B。

o. 重复步骤 h～m。

p. 按步骤 d～g 中所述将仪器调整为读取传感器 A、B。

q. 检查结果。

③ 检查传感器

a. 将校准盘放在平稳的底座上。

b. 用异丙醇清洁校准盘表面和传感器的接触面。

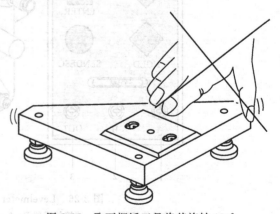

图 2-27　取下摆锤工具将其旋转 180°

c. 将传感器安装到两个合理位置之一。

d. 将仪器调整为显示传感器 A 和 B。

e. 等待数秒直到传感器稳定，读取仪器所显示的值。

f. 取下传感器，将其旋转 180°，如图 2-28 所示。然后将其重新安装在相应的孔型中。等待数秒，直到传感器稳定。注意不要更改校准盘的位置。

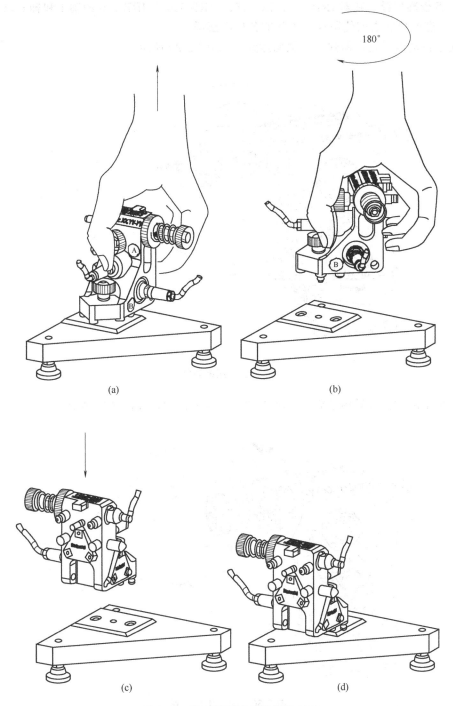

图 2-28　取下传感器将其旋转 180°

g. 读取 A 和 B 的值。两个读数之差应小于 0.002°，且极性（＋/－）相反。如果差大于此值，则必须重新校准传感器。

（3）校准传感器安装位置，CalPend

① 卸除设备　在将传感器安装到机器人之前：

a. 确保没有可能影响传感器位置的接线。

b. 从轴 1 卸下所有位置开关。但不能将传感器安装在参照位置。

② 准备校准摆锤　在对 IRB 260、IRB 460、IRB 660 和 IRB 760 的轴 1 和轴 6 以及其他机器人的轴 1 进行校准之前使用这一步骤准备校准摆锤。

a. 通过移动内手轮压缩弹簧（轴向运动），如图 2-29 所示。

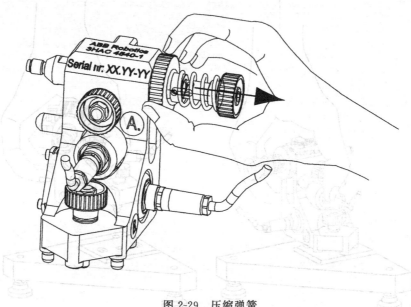

图 2-29　压缩弹簧

b. 在轴上顺时针旋转内手轮，以将弹簧锁在压缩位置，如图 2-30 所示。

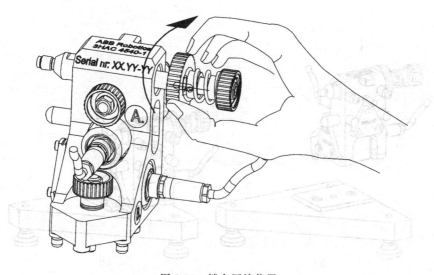

图 2-30　锁在压缩位置

c. 在轴 1（或 IRB 260、IRB 460、IRB 660 和 IRB 760 的轴 6）校准之后，释放压缩弹簧。

③ 摆锤安装位置　校验参考位置（IRB 460）时摆锤的安装位置如图 2-31 所示，注意摆锤一次只能安装在一个位置！校验轴 1（IRB 460、IRB 660、IRB 760）、轴 2（IRB 460、IRB 660、IRB 760）、轴 3（IRB 460、IRB 660、IRB 760）、轴 6（IRB 460、IRB 660）时摆锤的安装位置如图 2-32～图 2-35 所示。

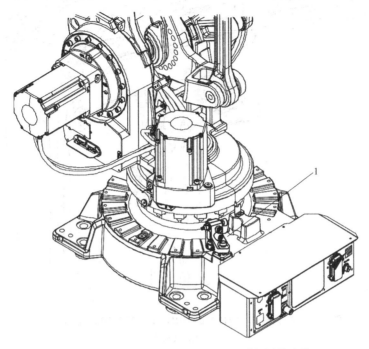

图 2-31　校验参考位置（IRB 460）时摆锤的安装
1—参照传感器位置中的校准摆锤

图 2-32　校验轴 1（IRB 460、IRB 660、IRB 760）摆锤的安装
1—校准摆锤；2—校准摆锤连接螺钉；
3—固定销（IRB 460 的长度为 58mm，IRB 660 和 IRB 760 的长度为 68mm）

⑤ 摆锤安装位置：若更换位置（IRB 460）时将旋紧位置移至图 2-51 所示，将连接臂移动一次。安装位置在一个位置上回转轴（IRB 460）或两次（IRB 760），轴 2（IRB 460、IRB 660、IRB 760），轴 2（IRB 460、IRB 660）的位置应如安装位置如图 2-32~图 2-35 所示。

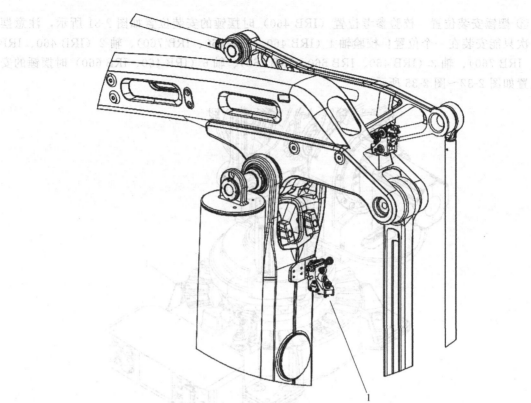

图 2-33　校验轴 2（IRB 460、IRB 660、IRB 760）摆锤的安装

1—校准传感器

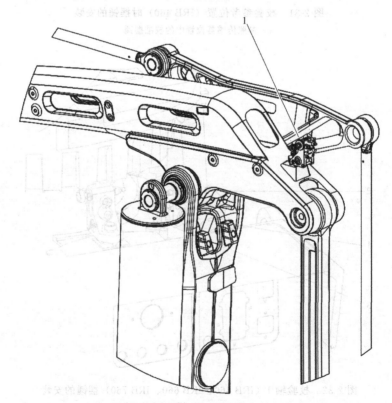

图 2-34　校验轴 3（IRB 460、IRB 660、IRB 760）摆锤的安装

1—校准传感器

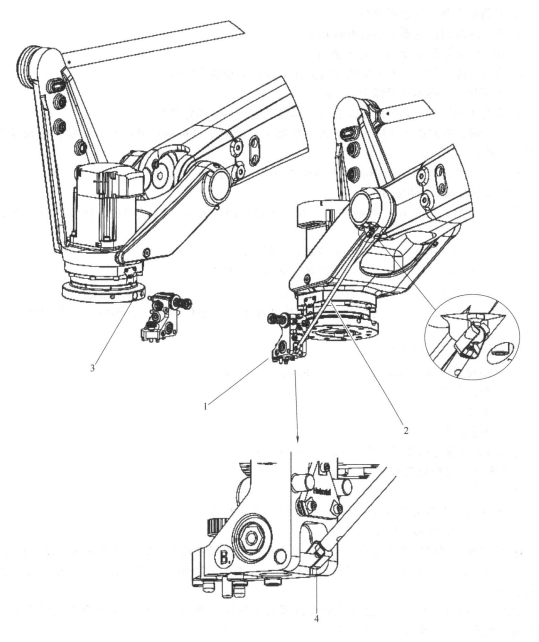

图 2-35　校验轴 6（IRB 460、IRB 660）摆锤的安装

1—校准传感器，轴 6；2—校准杆，在传感器与机器人球阀之间起连接作用；
3—转动盘上的锥形连接孔；4—确保将校准杆安装在传感器销的最右端

2.2.4　校准

（1）使用 Calibration Pendulum Ⅱ

Calibration Pendulum Ⅱ用于现场，可恢复机器人原位置（例如在从事检修活动之后）。

① Calibration Pendulum Ⅱ的原理　在校准程序中，首先在参照平面上测量传感器的位置。然后，将摆锤校准传感器放在每根轴上，机器人达到其校准位置，从而将传感器差值降低到接近于零。

② 获得最佳结果的前提条件

a. 用异丙醇清洁机器人的所有接触面。

b. 用异丙醇清洁摆锤的所有接触面。

c. 检查并确认在机器人上安装摆锤的孔中没有润滑油和颗粒。

d. 不要触摸传感器或摆锤上的电缆。

e. 检验并确认当安装在机器人上时，摆锤的电缆不是固定悬挂的。

f. 将摆锤安装到法兰（只适用于大型机器人）上时，尽可能将螺钉拧紧。螺钉锥面要与法兰锥面紧紧贴合，这一点非常重要。

g. 使用调整盘和 Levelmeter 定期检查和校准（如需要）传感器。

（2）准备校准，CalPend

① 确保机器人已做好校准的准备。即，所有维修或安装活动已完成，机器人已准备好运行。

② 检查并确认用于校准机器人的所有必需硬件均已提供。

③ 从机器人的上臂取下所有外围设备（例如，工具和电缆）。

④ 取下用于安装校准和参照传感器的表面上的所有盖子，用异丙醇清洁这些表面。

注意同一校准摆锤既可用作校准传感器也可用作参照传感器，具体取决于当时所起的作用。

⑤ 用异丙醇清洁导销孔。

⑥ 连接校准设备和机器人控制器，并启动 Levelmeter 2000。

⑦ 校准机器人。

⑧ 检验校准。

（3）校准顺序

必须按升序顺序校准轴，即 1→2→3→4→5→6。

（4）利用校准摆锤校准

① 准备机器人校准。

② 微调待校准的机器人轴，使其接近正确的校准位置。

③ 更新转数计数器（粗略校准）。

④ 仅对轴1有效！将定位销安装到机器人机座。确保连接面清洁，没有任何裂痕和毛刺。

⑤ 从 FlexPendant 启动校准服务例行程序，并按照说明操作，其中包括在需要时安装校准传感器。

注意！根据 FlexPendant 上的说明在机器人上安装传感器后，单击确定会启动机器人运动！确保机器人的工作范围内没有任何人！

⑥ 点击 OK（确定）。许多信息窗口将在 FlexPendant 上短暂闪过，但在显示具体操作之前无需采取任何操作。

⑦ 完成校准后，确认所有已校准轴的位置。

⑧ 断开所有校准设备，重新安装所有保护盖。

2.2.5 更新转数计数器

步骤1 手动将操纵器运转至校准位置

当操纵器运行至校准位置时，应确保下述操纵器的轴4和轴6正确定位，操纵器出厂时已正确定位，因此在转数计数器更新前，切勿在通电状态下旋转轴4或轴6。

如果在更新转数计数器之前将轴4或轴6从其校准位置旋转一周或数周，就会因齿轮速比不均而偏离正确的校准位置。

①　确定选择/逐轴/动作模式。

②　微调操纵器，使校准标记位于公差范围内。

③　定位好所有轴之后，存储转数计数器设置。

步骤 2　使用 FlexPendant 存储转数计数器设置

①　在 ABB 菜单上，点击校准。与系统相连的所有机械单元将连同校准状态一起显示。

②　点击所涉及的机械单元。显示一个屏幕，点击转数计数器，如图 2-36 所示。

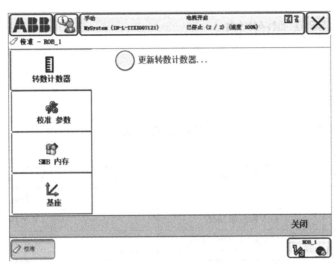

图 2-36　转数计数器

③　点击"更新转数计数器..."。

将显示一个对话框，警告更新转数计数器可能会改变预设操纵器位置：点击是更新转数计数器。点击否取消更新转数计数器。点击是显示轴选择窗口。

④　选择需要更新转数计数器的轴：勾选左边的复选框；点击全选更新所有的轴。然后点击更新。

⑤　显示一个对话框，警告更新操作不能撤销：点击更新以继续更新转数计数器。点击取消以取消更新转数计数器。点击更新将更新勾选的转数计数器，并除去轴列表中的勾号。

⑥　因此每次更新后应仔细检查校准位置。

2.2.6　检查校准位置

(1) 使用 MoveAbsJ 指令

创建一个使所有机器人轴运转至其零位置的程序。

①　在 ABB 菜单中，点击 Program editor（程序编辑器）。

②　创建新程序。

③　使用 Motion&Proc（动作与过程）菜单中的 MoveAbsJ。

④　创建以下程序：

MoveAbsJ[[0,0,0,0,0,0],[9E9,9E9,9E9,9E9,9E9,9E9]]\NoEOffs,v1000,z50,Tool0

⑤　以手动模式运行程序。

⑥　检查轴校准标记是否正确对准。如没有对准，更新转数计数器。

(2) 使用微动控制窗口

用以下方式将机器人微调到所有轴的零位置。

① 在 ABB 菜单中，点击 Jogging（微动控制）。

② 点击 Motion mode（动作模式）选择要进行微调的一组轴。

③ 点击以选择要微调的轴：轴1、轴2或轴3。

④ 将机器人轴手动运行至 FlexPendant 上轴位置值为零的位置。

⑤ 检查轴校准标记是否正确对准。如没有对准，更新转数计数器。

2.3 工业机器人的维护

2.3.1 维护标准

表 2-2 对所需的维护活动和时间间隔进行了明确说明。

表 2-2 维护标准

序号	维护活动	部 位	间 隔
1	清洁	机器人	随时
2	检查	轴1齿轮箱，油位	6个月
3	检查	轴2和轴3齿轮箱，油位	6个月
4	检查	轴6齿轮箱，油位	6个月
5	检查	机器人线束	12个月[①]
6	检查	信息标签	12个月
7	检查	机械停止，轴1	12个月
8	检查	阻尼器	12个月
9	更换	轴1齿轮油	
10	更换	轴2齿轮油	当DTC[②]读数达6000h进行第一次更换。
11	更换	轴3齿轮油	当DTC[②]读数达到20000h进行第二次更换。 随后的更换时间间隔是20000h
12	更换	轴6齿轮油	
13	大修	机器人	30000h
14	更换	SMB电池组	低电量警告[③]
15	检查	信号灯	12个月
16	更换	电缆线束	30000小时[④]（不包括选装上臂线束）
17	更换	齿轮箱[⑤]	30000小时

① 检测到组件损坏或泄漏，或发现其接近预期组件使用寿命时，更换组件。

② DTC＝运行计时器。显示机器人的运行时间。

③ 电池的剩余后备容量（机器人电源关闭）不足2个月时，将显示低电量警告（38213 电池电量低）。通常，如果机器人电源每周关闭2天，则新电池的使用寿命为36个月，而如果机器人电源每天关闭16h，则新电池的使用寿命为18个月。对于较长的生产中断，通过电池关闭服务例行程序可延长使用寿命（大约3倍）。

④ 严苛的化学或热环境，或类似的环境可导致预期使用寿命缩短。

⑤ 根据应用的不同，使用寿命也可能不同。为单个机器人规划齿轮箱维修时，集成在机器人软件中的 service information system（SIS）可用作指南。此原则适用于轴1、轴2、轴3和轴6上的齿轮箱。在某些应用（如铸造或清洗）中，机器人可能会暴露在化学物质、高温或湿气中，这些都会对齿轮箱的使用寿命造成影响。

2.3.2　检查

(1) 检查齿轮箱油位

① 关闭连接到机器人的电源、液压源、气压源，然后再进入机器人工作区域。

② 打开检查油塞。

③ 检查所需的油位：1、2、3 轴齿轮箱油塞孔下最多 5mm。6 轴所需的油位：电机安装表面之下（23±2）mm。

④ 根据需要加油。

⑤ 重新装上检查油塞。

(2) 检查电缆线束

① 电缆线束位置　机器人轴 1～6 的电缆线束位置如图 2-37 所示。

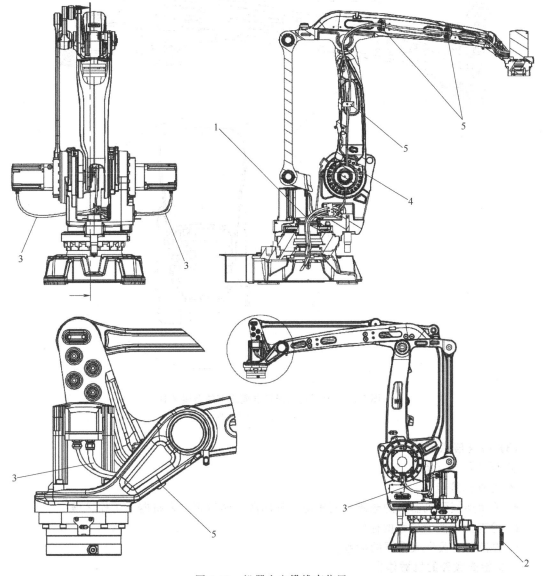

图 2-37　机器人电缆线束位置

1—机器人电缆线束，轴 1～6；2—底座上的连接器；3—电机电缆；4—电缆导向装置，轴 2；5—金属夹具

② 检查电缆线束步骤

a. 关闭连接到机器人的电源、液压源、气压源，然后再进入机器人工作区域。

b. 对电缆线束进行全面检查，以检测磨损和损坏情况。

c. 检查底座上的连接器。

d. 检查电机电缆。

e. 检查电缆导向装置、轴 2。如有损坏，将其更换。

f. 检查下臂上的金属夹具。

g. 检查上臂内部固定电缆线束的金属夹具，如图 2-38 所示。

h. 检查轴 6 上固定电机电缆的金属夹具。

i. 如果检测到磨损或损坏，则请更换电缆线束。

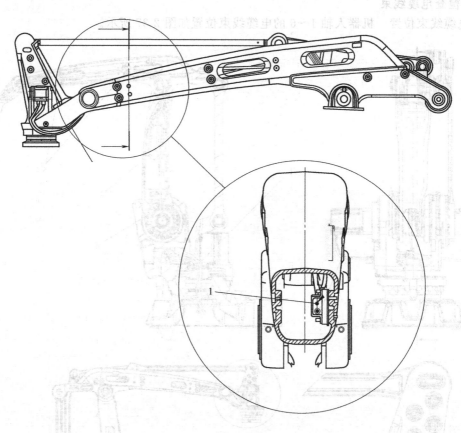

图 2-38　上臂内部固定电缆线束的金属夹具
1—上臂内部的金属夹具

(3) 检查信息标签

① 标签位置（图 2-39）。

② 检查标签步骤。

a. 关闭连接到机器人的电源、液压源、气压源，然后再进入机器人工作区域。

b. 检查位于图示位置的标签。

c. 更换所有丢失或受损的标签。

(4) 检查额外的机械停止

① 机械停止的位置　图 2-40 显示了轴 1 上额外的机械停止的位置。

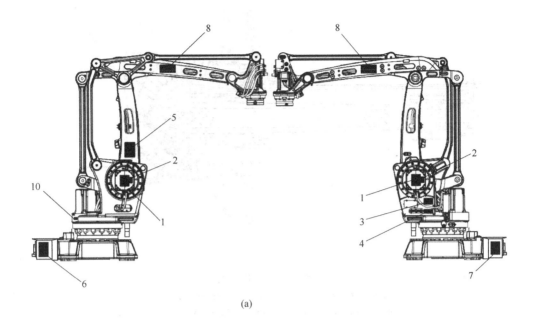

(a)

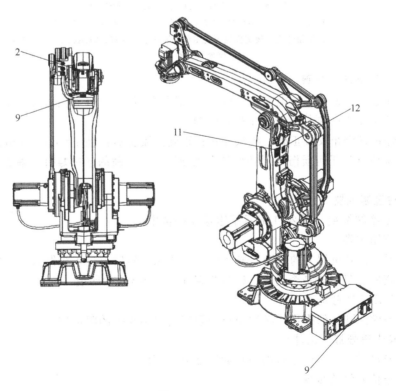

(b)

图 2-39

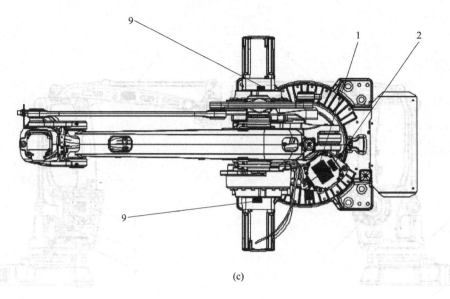

(c)

图 2-39 标签位置

1—警告标签"高温"（位于电机盖上），3HAC4431-1（3个）；

2—警告标签，闪电符号（位于电机盖上），3HAC1589-1（4个）；

3—组合警告标签"移动机器人""用手柄关闭"和"拆卸前参阅产品手册"，3HAC17804-1；

4—组合警告标签"制动闸释放""制动闸释放按钮"和"移动机器人"，3HAC8225-1；

5—起吊机器人的说明标签，3HAC039135-001；6—警告标签"拧松螺栓时的翻倒风险"，3HAC9191-1；

7—底座上的规定了向齿轮箱注入哪种油的信息标签，3HAC032906-001；

8—ABB标识，3HAC17765-2（2个）；9—UL标签，3HAC2763-1；

10—每个齿轮箱旁边，规定齿轮箱使用哪种油的信息标签，3HAC032726-001（4个）；

11—序列号标签；12—校准标签

② 检查机械停止步骤

a. 关闭连接到机器人的电源、液压源、气压源，然后再进入机器人工作区域。

b. 检查轴1上的额外机械停止是否受损。

c. 确保机械停止安装正确。机械停止的正确拧紧转矩：轴1＝115N・m。

d. 如果检测到任何损伤，则必须更换机械停止！正确的连接螺钉：轴1，M12×40，质量等级12.9。

(5) 检查阻尼器

① 阻尼器的位置　图 2-41 显示了阻尼器的位置。

② 检查阻尼器

a. 关闭连接到机器人的电源、液压源、气压源，然后再进入机器人工作区域。

b. 检查所有阻尼器是否受损、破裂或存在大于1mm的印痕。

c. 检查连接螺钉是否变形。

d. 如果检测到任何损伤，必须用新的阻尼器更换受损的阻尼器。

(6) 检查信号灯（选件）

① 信号灯的位置　信号灯的位置如图 2-42 所示。

② 检查信号灯的步骤

a. 当电机运行时（MOTORSON），检查信号灯是否常亮。

b. 关闭连接到机器人的电源、液压源、气压源，然后再进入机器人工作区域。

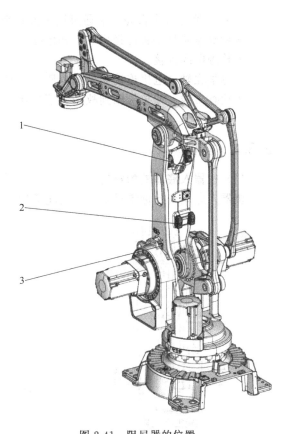

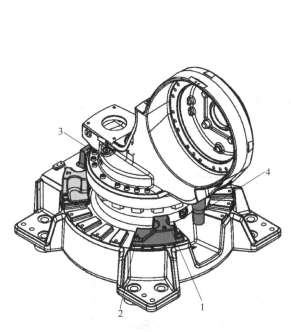

图 2-40　轴 1 上额外的机械停止的位置

1—额外的机械停止，轴 1；2—连接螺钉和垫圈（2 个）；
3—固定的机械停止；4—机械停止销，轴 1

图 2-41　阻尼器的位置

1—阻尼器，下臂上部（2 个）；2—阻尼器，下臂下部（2 个）；
3—阻尼器，轴 2（2 个）

注：阻尼器，轴 3（2 个）在本视图中不可见。

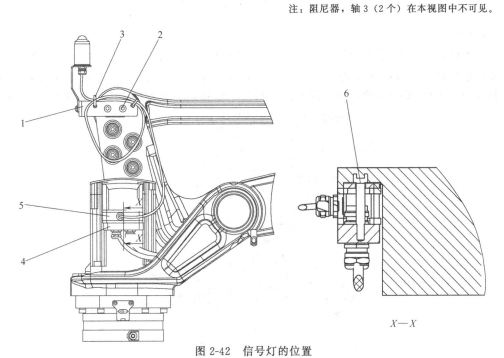

图 2-42　信号灯的位置

1—信号灯支架；2—连接螺钉 M8×12 和支架（2 个）；3—电缆带（2 个）；
4—电缆接头盖；5—电机适配器（包括垫圈）；6—连接螺钉，M6×40（1 个）

c. 如果信号灯未常亮，请通过以下方式查找故障：

- 检查信号灯是否已经损坏。如已损坏，请更换该信号灯。
- 检查电缆连接。
- 测量在轴 6 电机连接器处的电压，查看该电压是否等于 24V。
- 检查布线。如果检测到故障，请更换布线。

2.3.3 换油

(1) 机器人底座处的标签

机器人底座处的标签显示所有齿轮箱用油的类型，如图 2-43 所示。

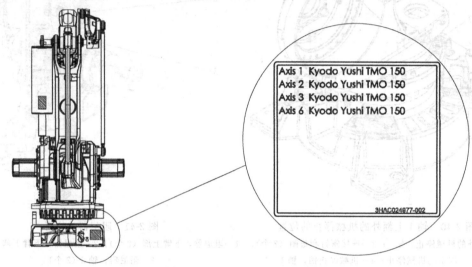

图 2-43 机器人底座处的标签

(2) 位置

轴 1 齿轮箱位于机架和底座之间。油塞详情如图 2-44 所示，排油塞如图 2-45 所示。轴 2 和轴 3 的齿轮箱位于电机连接处下方、下臂旋转中心处。图 2-46 显示了轴 2 齿轮箱的位置。图 2-47 显示了轴 3 齿轮箱的位置。轴 6 齿轮箱位于倾斜机壳装置的中心，如图 2-48 所示。

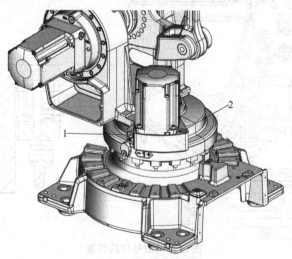

图 2-44 轴 1 齿轮箱位置
1—查油塞；2—注油塞

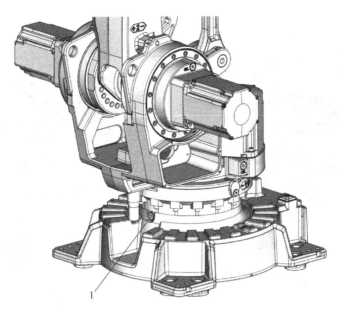

图 2-45　排油塞

1—排油塞

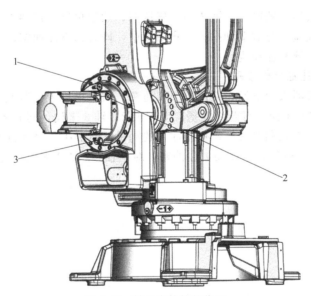

图 2-46　轴 2 齿轮箱的位置

1—轴 2 齿轮箱通风孔塞；2—注油塞；3—排油塞

（3）轴 1~轴 3 排油操作步骤

① 关闭连接到机器人的电源、液压源、气压源，然后再进入机器人工作区域。

② 对于轴 1 来说，卸下注油塞，可让排油速度加快。对于轴 2、轴 3 来说，卸下通风孔塞。

③ 卸下排油塞并用带油嘴和集油箱的软管排出齿轮箱中的油。

④ 重新装上注油塞。

（4）轴 6 排油操作步骤

① 将倾斜机壳置于适当的位置。

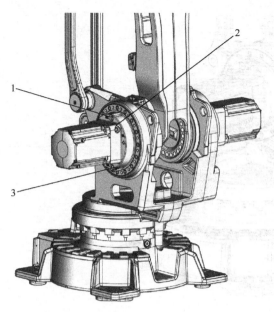

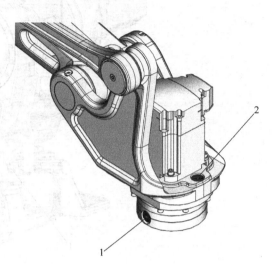

图 2-47　轴 3 齿轮箱的位置

1—轴 2 齿轮箱通风孔塞；2—注油塞；3—排油塞

图 2-48　轴 6 齿轮箱的位置

1—排油塞；2—注油塞

② 关闭连接到机器人的电源、液压源、气压源，然后再进入机器人工作区域。

③ 通过卸下排油塞，将润滑油排放到集油箱中，同时卸下注油塞。

④ 重新装上排油塞和注油塞。

(5) 轴 1~轴 6 注油操作步骤

① 关闭连接到机器人的电源、液压源、气压源，然后再进入机器人工作区域。

② 对于轴 1、轴 6 来说，打开注油塞。对于轴 2、轴 3 来说，同时还应拆下通风孔塞。

③ 向齿轮箱重新注入润滑油。需重新注入的润滑油量取决于之前排出的润滑油量。

④ 对于轴 1、轴 6 来说，重新装上注油塞。对于轴 2、轴 3 来说，应重新装上注油塞和通风孔塞。

第3章
工业机器人机械部件的装调与维修

3.1 工业机器人机械装调与维修的基础

3.1.1 泄漏测试操作步骤

① 完成有问题的电机或齿轮的重新安装程序。

② 卸下有问题的齿轮上最顶端的油塞，用泄漏测试装置替换，该测试可能需使用接合器。

③ 使用压缩空气，用球形柄提高压力，直到正确值在压力计中显示。正确的值：$0.2 \sim 0.25$bar（$20 \sim 25$kPa，1bar$=10^5$Pa$=100$kPa）。

④ 断开压缩气源。

⑤ 等待约 $8 \sim 10$min。可能会检测到没有压力损失。如压缩空气比测试的齿轮箱冷或热很多，会分别发生轻微的压力增加或减少。这很正常。

⑥ 是否有明显的压力下降？按以下说明定位泄漏。移除泄漏测试装置，重新装上油塞。测试完成。

⑦ 用泄漏探测喷射可疑泄漏区域。气泡表示泄漏。

⑧ 找到泄漏处之后，采取必要的措施修复泄漏。

3.1.2 轴承安装

(1) 检查

① 为避免污染，直到安装时再拆开新轴承的包装。

② 确保轴承安装中所涉及的部件无毛刺、碎废料和其他污染物。铸造组件必须去除铸造砂。

③ 轴承环、内环和滚柱部件在任何情况下都不能受到直接撞击。装配滚柱元件时，不得施加任何压力。

(2) 锥形轴承的装配

① 逐渐紧固轴承直至达到推荐的预加拉力。

注意：滚柱元件必须先进行规定数量的旋转，然后再施加推荐的预加拉力，且在施加预加拉力期间也需要进行旋转。

② 确保轴承准确对齐，这将会直接影响到轴承的耐用性。

(3) 轴承的润滑

在装配后，必须根据以下说明为轴承涂上润滑脂：

① 轴承不得完全填满润滑脂。但是，如果轴承的安装位置之间存在间隙，则可在安装轴

承时涂满润滑脂，当机器人启动之后，会将多余的润滑脂从轴承处挤出。

沟槽球轴承的两侧都必须涂上润滑脂；锥形滚柱轴承和推力滚针轴承应拆开进行润滑。

② 操作期间，应将轴承 70%～80% 的面积涂上润滑脂。

③ 确保润滑脂的处理和保存方式正确，以避免污染。

3.1.3 密封件安装

(1) 原则

① 在运输和安装过程中保护密封面。

② 在实际安装前保持密封件的原始包装或进行妥善保护。

③ 密封件和齿轮的安装工作必须在干净的工作台上进行。

④ 在安装过程中滑过螺纹、键槽等时，为密封唇口使用保护套。

(2) 旋转密封件安装

① 检查密封件以确保：密封件的类型正确无误（带有刃口）；密封刃口无任何损坏（用手指甲感觉）。

② 安装前先检查密封面。如果发现刮痕或损坏，则必须更换密封件，因为这可能会导致将来出现泄漏。

③ 即将安装前用润滑脂润滑密封件（不要太早，否则存在灰尘和杂质颗粒黏附密封件的风险）。将尘舌和密封唇口间空间的 2/3 填满润滑脂。橡胶涂层外径也必须涂上润滑脂，除非另有规定。

④ 用安装工具正确安装密封件。切勿直接锤打密封件，因为这样可能会造成泄漏。

(3) 法兰密封件和静态密封件安装

① 检查法兰表面。法兰表面必须平滑，没有气孔；可在紧固接点使用标准尺轻松检查平滑性（不用密封剂）；如果法兰表面有缺陷，则不能使用，因为可能会出现泄漏。

② 根据 ABB 的建议正确清洁表面。

③ 将密封剂平均分布在表面，最好使用刷子。

④ 紧固法兰接点时，均匀地拧紧螺钉。

(4) O 形环安装

① 确保使用尺寸正确的 O 形环。

② 检查 O 形环表面是否存在缺陷、毛刺，检查其外形精确度等；不得使用有缺陷的 O 形环。

③ 检查 O 形环的凹槽。凹槽必须符合几何学原理，并且没有气孔和尘垢。

④ 用润滑脂润滑 O 形环。请勿为顶盖润滑 O 形环，它有可能在清洁过程中滑出其所在位置。

⑤ 装配时均匀拧紧螺钉。

3.1.4 工业机器人机械装调与维修工具

(1) 用于预安装轴承外环的压轴工具

用于将轴承外环安装到倾斜机壳上的压轴工具包含的部件如图 3-1 所示。

(2) 用于拆装轴的压轴工具

① 用于拆卸轴的压轴工具　用于更换轴的压轴工具可用来进行拆卸和重新安装操作。用于更换轴的压轴工具和辅助轴衬如图 3-2 所示，用于拆卸轴。

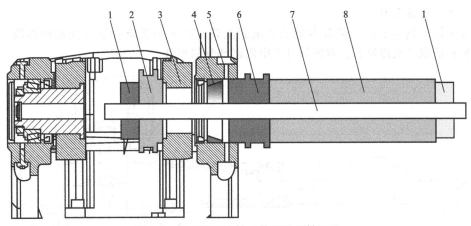

图 3-1   用于预安装轴承外环的压轴工具

1—螺纹垫圈（2 个）；2—支持垫圈（3HAC040029-001）；3—上臂；4—外环轴承；5—倾斜机壳；
6—压紧垫圈（3HAC040028-002）；7—螺纹杆 M16；8—液压缸

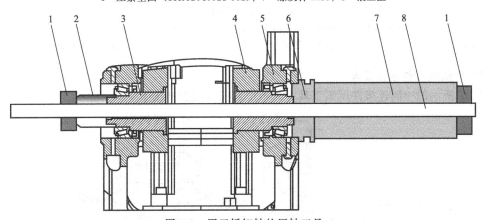

图 3-2   用于拆卸轴的压轴工具

1—螺纹垫圈（2 个）；2—辅轴（3HAC040035-001），仅用于拆卸；3—轴 2；4—上臂；5—倾斜机壳；
6—支撑轴衬（3HAC040029-002）；7—液压缸；8—螺纹杆 M16

② 用于安装轴的压轴工具　用于更换轴的压轴工具如图 3-3 所示，用于安装轴。在安装轴时，必须使用图 3-3 中的螺纹垫圈 1，否则不能完全将轴压入。

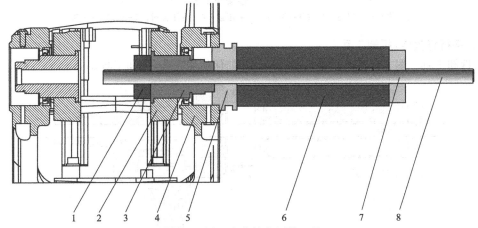

图 3-3   用于安装轴的压轴工具

1—螺纹垫圈，3HAC040029-001；2—上臂；3—轴 3；4—倾斜机壳；
5—支持轴衬；6—液压缸；7—螺纹垫圈；8—螺纹杆，M16

（3）上臂压轴工具

上臂压轴工具用于将 T 形环和轴承装配到上臂。卸下和重新安装时使用同样的工具，但受压轴衬替换成了支撑轴衬。参阅图 3-4 中阴影部分的部件。

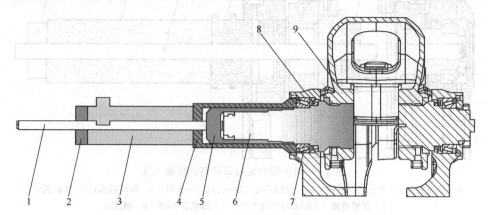

图 3-4　上臂压轴工具

1—螺纹杆 M16；2—螺纹垫圈（3HAC040021-004）；3—液压缸（3HAC040021-005）；

4—承压轴衬（3HAC040026-003），仅在装配时使用；5—辅轴（3HAC040026-002）；6—轴；7—轴承；8—下臂；9—上臂

（4）中间连接件压紧工具

图 3-5 所示的中间连接件压紧工具，显示了如何使用连杆压紧工具。

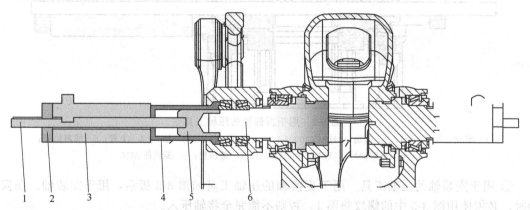

图 3-5　中间连接件压紧工具

1—螺纹杆，M16；2—螺纹垫圈；3—液压缸；4—受压轴衬；5—辅轴；6—轴

（5）平行杆安装/拆卸工具

① 拆卸工具　图 3-6 显示了卸下平行杆时，如何使用安装/拆卸工具。

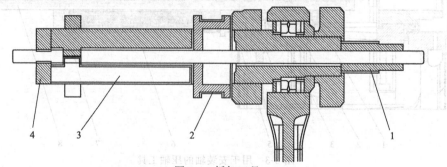

图 3-6　拆卸工具

1—螺纹轴衬；2—支持轴衬；3—液压缸；4—螺纹垫圈

② 安装工具　图 3-7 显示了重新安装平行杆时，如何使用安装/拆卸工具。

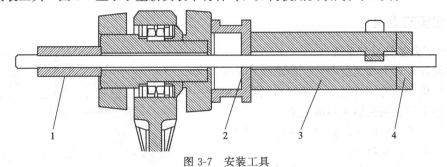

图 3-7　安装工具

1—螺纹轴衬；2—支持轴衬；3—液压缸；4—螺纹垫圈

3.2　底座的装调与维修

3.2.1　底座的位置

包含轴 1 齿轮箱在内的底座的位置如图 3-8 所示。

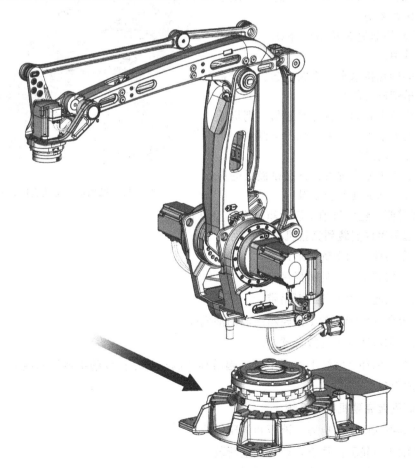

图 3-8　底座的位置

3.2.2　底座的更换

(1) 卸下完整机械臂系统

① 将机器人调至其装运姿态，如图 2-1 所示。

② 关闭机器人的所有电力、液压和气压供给！

③ 将吊车移动到机器人顶部上空。

④ 卸下机架上的机械停止销，如图 3-9 所示。

⑤ 排出轴 1 齿轮箱的润滑油。

⑥ 松开底座上的电缆连接器，通过机架中心的孔将电缆线从底座中拉出。

⑦ 卸下轴 1 电机。

⑧ 安装圆形吊带。

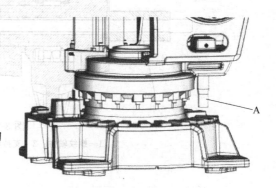

图 3-9　机架上的机械停止销
A—机械停止销

⑨ 张开圆形吊带，使其安全承载住机械臂系统的重量。调节每条圆形吊带的长度，使起吊物保持水平。

⑩ 通过拧松连接螺钉，将机械臂系统从底座处松开，如图 3-10 所示。

⑪ 卸下机架上成对角的保护塞。

⑫ 将两根导销安装到孔中。这样将便于卸下完整机械臂系统。

⑬ 小心地吊起完整机械臂系统并将其固定在安全区域中。

起吊物必须保持水平！确保吊起机械臂系统前对圆形吊带进行调节。

如果不进行事先调节就开始起吊，则机械臂系统可能失去平衡！如果荷载向下倾斜，则会增大损伤接口的风险！

为避免发生事故和损害，务必以极低的速度移动机器人，确保其不会倾斜！

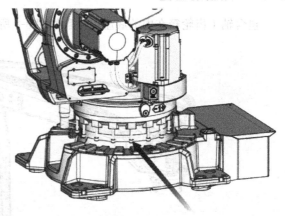

图 3-10　机械臂系统从底座处松开

⑭ 如有需要，随后将轴 1 齿轮箱从底座上卸下。

(2) 将起吊附件安装到完整机械臂系统上

① 让吊车勾起机架上的圆形吊带。

② 让吊车勾起下臂上的圆形吊带。

③ 让吊车勾起上臂上的圆形吊带。

④ 将接合器安装到向轴 1 齿轮箱注油的油塞孔。

⑤ 将吊眼和钩环安装到接合器上。

⑥ 在下臂和钩环之间装上圆形吊带。起吊轴 2 制动闸已释放的机械臂系统时，圆形吊带将会承载机架的重量。

(3) 重新安装完整机械臂系统

① 关闭机器人的所有电力、液压和气压供给！

② 如果轴 1 齿轮箱已拆下，请将其重新装上。

③ 按图 3-11 所示，起吊附件安装到完整机械臂系统上。

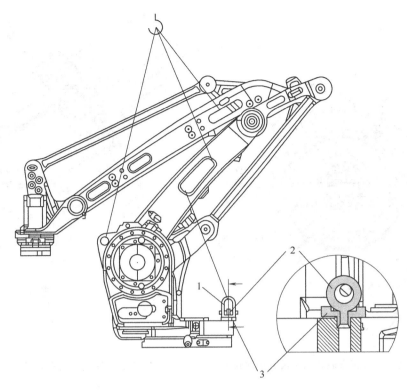

图 3-11　将起吊附件安装到完整机械臂系统上
1—钩环；2—吊眼，M12；3—接合器

④ 张开圆形吊带，使其安全承载住机械臂系统的重量。调节每条圆形吊带的长度，使起吊物保持水平。

⑤ 吊起完整机械臂系统并以极低的速度将其移动至安装现场，确保其不会倾斜！起吊物必须保持水平！确保吊起机械臂系统前对圆形吊带进行调节。确保在起吊机械臂系统时，所有的吊钩和连接件都保持在适当的位置，这样起吊附件就不会被锋利的边缘所磨损。

⑥ 将两个导销安装到轴 1 齿轮箱的孔中，如图 3-12 所示。为了重新安装时的方便，推荐使用两个不同长度的导销。请注意，由于空间不够，重新安装后，长于 140mm 的导销将无法拆下。务必成对地使用导销。

⑦ 重新安装完整机械臂系统时，需用眼透过轴 1 电机的空对安装螺孔进行查看，以协助对准装配。

⑧ 通过之前安装在轴 1 齿轮箱上的导销引导降下完整机械臂系统，如图 3-13 所示。重新安装时必须保持水平。确保重新安装机械臂系统前对起吊装置进行调整。

这是一项复杂的任务，需要非常小心地执行，以避免人员受伤或装置受损！使用曲柄旋转齿轮，将其调整到与孔对应的正确位置。

⑨ 在连接螺钉上装上锁紧垫圈。检查锁紧垫圈的旋转方式是否正确。请参阅图 3-14。

⑩ 安全降下机械臂系统之前，安装 16 个连接螺钉中的 14 个。完成此操作的目的在于将所有的螺钉正确地旋入螺纹。

⑪ 使用余下的连接螺钉替换导销，并使用完整机械臂系统的连接螺钉和垫圈将完整机械臂系统固定在底座上。

⑫ 完全降下机械臂系统。

⑬ 用其连接螺钉固定完整机械臂系统。

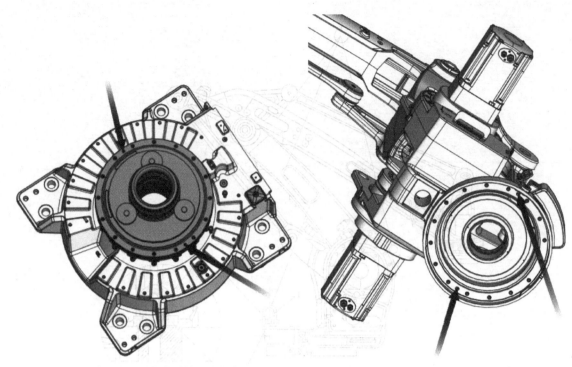

图 3-12　将两个导销安装到轴 1 齿轮箱的孔中　　　图 3-13　通过导销引导降下机械臂

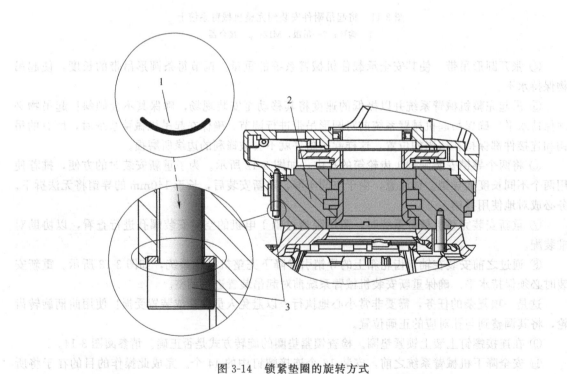

图 3-14　锁紧垫圈的旋转方式

1—齿形锁紧垫圈（16 个）；2—齿轮箱；3—连接螺钉 M12×80，质量等级 12.9gleitmo（16 个）

⑭ 在底座和机架中重新安装电缆线束。

⑮ 重新安装轴 1 电机。

⑯ 重新将机械停止销安装到机架上，如图 3-9 所示。

⑰ 执行轴 1 齿轮箱的泄漏测试。

⑱ 向轴 1 齿轮箱重新注入润滑油。

⑲ 重新校准机器人。

3.3　转动盘的装调与维修

3.3.1　转动盘的位置

转动盘位于机械腕外壳前部，如图 3-15 所示。

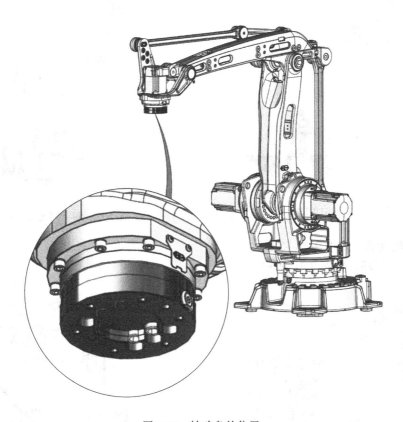

图 3-15　转动盘的位置

3.3.2　更换转动盘

(1) 卸下转动盘

① 将轴 6 微动至同步位置，如图 3-16 所示。以协助将转动盘安装到正确的位置。

② 运行机器人，使其运动到倾斜外壳最适合更换转动盘的姿势。

③ 关闭机器人的所有电力、液压和气压供给！

④ 卸下安装到转动盘上的所有设备。

⑤ 排出轴 6 齿轮箱的润滑油。

⑥ 卸下固定转动盘的连接螺钉，如图 3-17 所示。

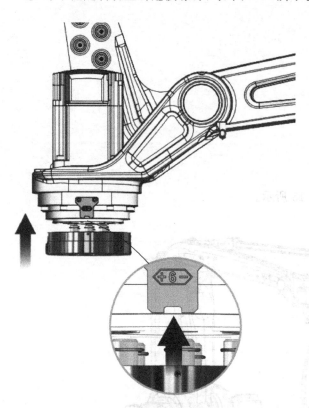

图 3-16　转动盘的正确位置

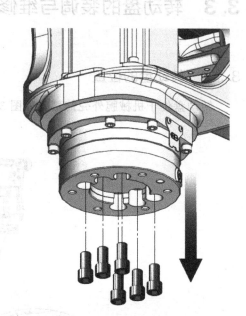

图 3-17　卸下固定转动盘的连接螺钉

⑦ 卸下转动盘，如图 3-18 所示。

⑧ 检查 O 形环，如图 3-19 所示。

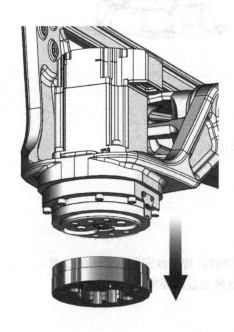

图 3-18　卸下转动盘

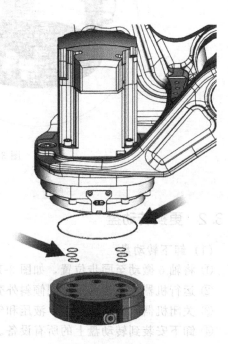

图 3-19　检查 O 形环

（2）重新安装转动盘

① 使用润滑脂润滑转动盘上的大 O 形环，并安装 O 形环，如图 3-20 所示。

② 在 O 形环（6 个）上涂上一些润滑脂，并将它们安装到转动盘中，如图 3-21 所示。

③ 以匹配轴 6 同步标志的方式重新安装转动盘，如图 3-9 所示。这样可保证转动盘的正确安装，但前提是在卸下转动盘之前轴 6 位于同步位置。

④ 检查 O 形环的安装位置是否正确。通过转动盘和 O 形环的孔安装连接螺钉，在固定连接螺钉之前，需保持转动盘和 O 形环的位置不变。用连接螺钉固定转动盘，如图 3-22 所示。

⑤ 执行轴 6 齿轮箱的泄漏测试。

⑥ 向轴 6 齿轮箱重新注入润滑油。

⑦ 重新校准机器人。

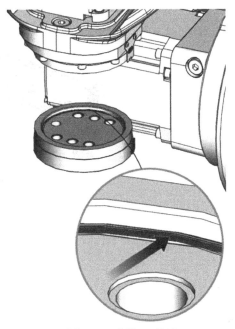

图 3-20　安装 O 形环

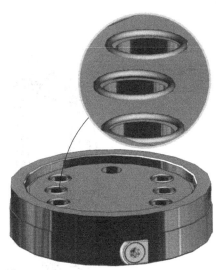

图 3-21　将 O 形环安装到转动盘中

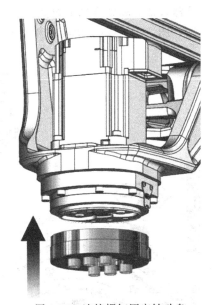

图 3-22　连接螺钉固定转动盘

3.4　倾斜机壳装置的装调与维修

3.4.1　位置

（1）倾斜机壳装置的位置

倾斜机壳装置的位置如图 3-23 所示。

图 3-23　倾斜机壳装置的位置

（2）机器人轴 2 和轴 3 端的位置

图 3-24、图 3-25 显示了机器人轴 2 和轴 3 端的位置。

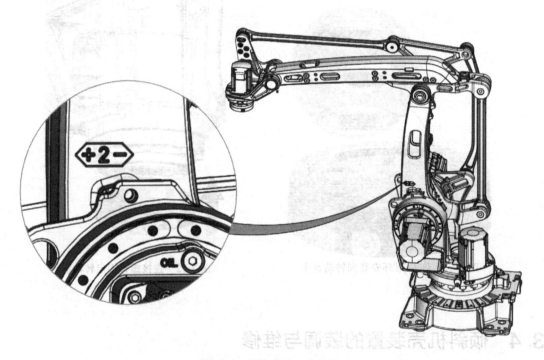

图 3-24　机器人轴 2 的位置

3.4.2　倾斜机壳装置的内部结构

图 3-26 显示了倾斜机壳装置在上臂上的安装方式的内部结构。两端视图相同。

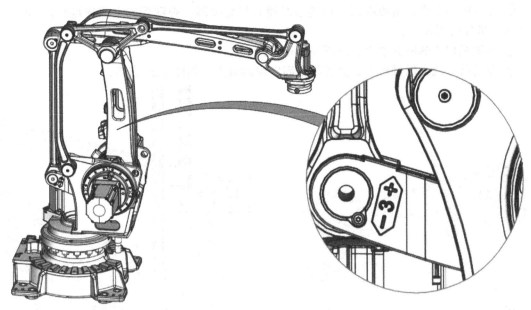

图 3-25　机器人轴 3 端的位置

3.4.3　更换倾斜机壳装置

(1) 卸下倾斜机壳装置

① 将机器人的姿势调整为倾斜机壳静止在工作台、托盘或类似位置处，如图 3-27 所示。

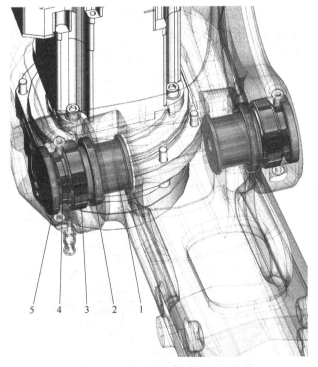

图 3-26　倾斜机壳装置的内部结构

1—轴；2—径向密封件；3—轴承；4—锁紧螺母；

5—VK 盖 65×8，VK 盖 19×6（内部 VK 盖 65×8）图中未显示

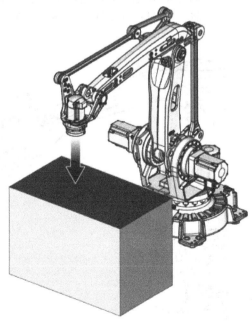

图 3-27　调整机器人的姿势

② 固定倾斜机壳，避免拆卸上部连接时倾斜机壳掉落。否则拆卸上部连接时，倾斜机壳会掉落。请参阅图 3-28。

③ 关闭机器人的所有电力、液压和气压供给。

④ 使用吊车或类似设备上的圆形吊带固定倾斜机壳，如图 3-29 所示。

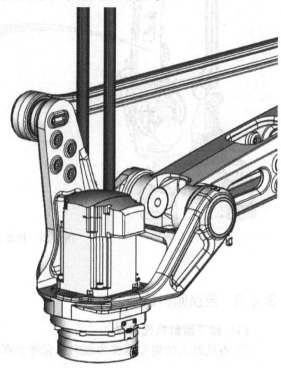

图 3-28　固定倾斜机壳（一）　　　　　　　　　　图 3-29　固定倾斜机壳（二）

⑤ 断开轴 6 电机处的电机电缆。以不会损坏电机电缆的方式布置电缆。

⑥ 将上连杆臂从倾斜机壳装置上拆下。无需将上部连接从连接装置处拆下，如图 3-30 所示。

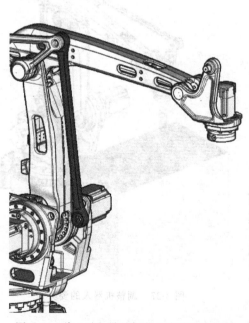

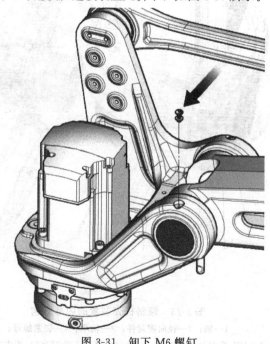

图 3-30　将上连杆臂从倾斜机壳装置上拆下　　　　　图 3-31　卸下 M6 螺钉

⑦ 卸下 M6 螺钉之一及其垫圈，注入润滑脂，如图 3-31 所示。注意不要损伤球阀。切勿拆下球阀，如图 3-32 所示。

⑧ 遵循以下步骤进行操作，一次只拆下一个轴，从轴 2 端开始。

⑨ 在 M6 孔处使用压缩空气注入润滑脂，以便于卸下 VK 盖，如图 3-33 所示。用手拿几张纸包住 VK 盖，将其抓住。只能使用非常低的空气压力！

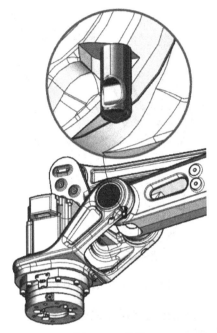

图 3-32　球阀

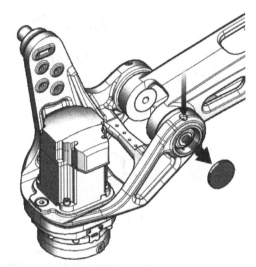

图 3-33　注入润滑脂

⑩ 用短冲头或类型工具将小型 VK 盖从内部冲出，如图 3-34 所示。

⑪ 卸下锁紧螺母，如图 3-35 所示。

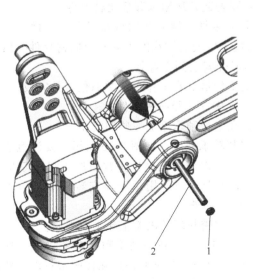

图 3-34　VK 盖从内部冲出

1—VK 盖；2—冲头

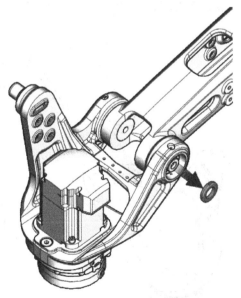

图 3-35　卸下锁紧螺母

⑫ 使用压轴工具和辅助轴衬来拆卸轴，拆卸时需要比安装时更长的 M16 螺纹杆（长度 450mm）。

⑬ 用压轴工具将轴压出，如图 3-36 所示。

⑭ 卸下压轴工具和轴，如图 3-37 所示。

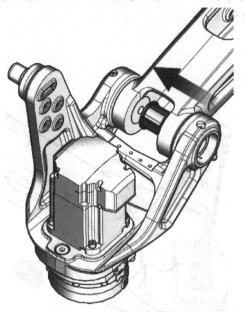

图 3-36 用压轴工具将轴压出

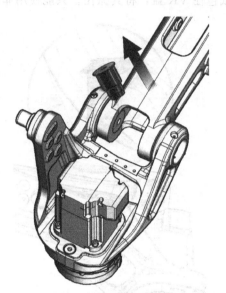

图 3-37 卸下压轴工具和轴

⑮ 继续对下一轴进行操作之前，请检查倾斜机壳是否已固定在吊车或类似设备上。

⑯ 遵循上述步骤，以同样的方式卸下位于轴 3 端的轴。

⑰ 卸下倾斜机壳并将其吊运至安全的位置。检查轴承是否清洁，如受损，请进行更换，如图 3-38 所示。

⑱ 用螺丝刀（螺钉旋具）或类似工具用力拆下密封环，如图 3-39 所示。重新安装时必须更换新的密封环。如有需要，更换轴承。

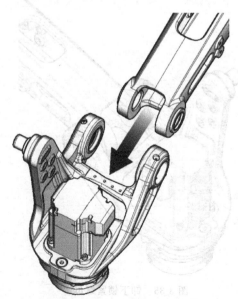

图 3-38 卸下倾斜机壳

(2) 预安装外环轴承和径向密封件

① 预安装轴 2 端外环轴承和径向密封件　在轴 2 端倾斜机壳中安装轴承的外环和径向密封件，然后再将倾斜机壳安装到上臂处。

a. 此工作最好在工作台或类似位置处完成。

b. 在孔中安装径向密封件。

c. 在孔中为轴承涂上一些润滑脂。

d. 安装轴承外环，如图 3-40 所示。要注意检查外环的旋转方式是否正确！正常情况下可手动完成此操作。如需要，请使用用于预安装轴承的压轴工具来安装轴承的外环。

e. 在径向密封环的内圈上涂上润滑脂。

② 预安装轴 3 端外环轴承和径向密封件　在轴 3 端倾斜机壳中安装轴承的外环和径向密封件，然后再将倾斜机壳安装到上臂处。

a. 此工作最好在工作台或类似位置处完成。

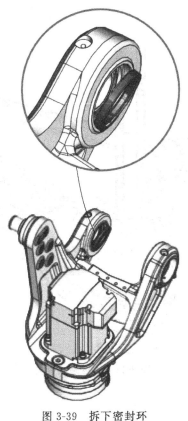

图 3-39　拆下密封环

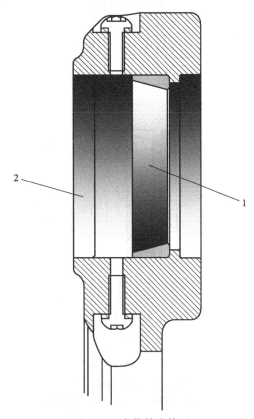

图 3-40　安装轴承外环
1—VK 盖表面；2—轴 2 端轴承外环

b. 在孔中安装径向密封件。

c. 在孔中为轴承涂上一些润滑脂。

d. 安装轴承外环，如图 3-41 所示。检查外环的旋转方式是否正确！正常情况下可手动完成此操作。如需要，请使用用于预安装轴承的压轴工具来安装轴承的外环。

e. 在径向密封环的内圈上涂上润滑脂。

（3）重新安装轴

重新安装倾斜机壳装置的轴。

① 用吊车或类似设备上的圆形吊带固定倾斜机壳并将其吊运至其上臂处的安装位置，然后让其静止在工作台、托盘或类似的位置处（拆下时所处的位置），如图 3-42 所示。

② 在倾斜机壳接触上臂处的表面喷涂一些防锈剂（Dinitrol490），如图 3-43 所示。

③ 在孔中为上臂的轴涂上一些润滑脂。注意：首先重新安装轴 2 端。

④ 从内部将轴压入轴孔，如图 3-44 所示。

⑤ 让上臂和倾斜机壳中的孔尽可能近地对准。

⑥ 使用用于重新安装轴的压轴工具，应使用正确的螺纹垫圈进行压轴。如果未使用正确的螺纹垫圈，则不能完全将轴压入。

⑦ 将部件压到一起。

⑧ 遵循上述步骤，以同样的方式安装轴 3 端。

（4）重新安装锁紧螺母和剩余部件

① 从轴 2 端开始装配。

② 在轴 2 端放入轴承的内环，并将其压入到位。通常可以非常轻松地将轴承安装到位。

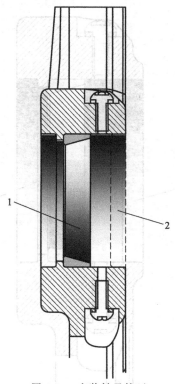

图 3-41　安装轴承外环

1—轴 3 端轴承外环；2—VK 盖表面

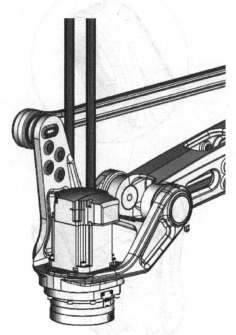

图 3-42　吊运倾斜机壳

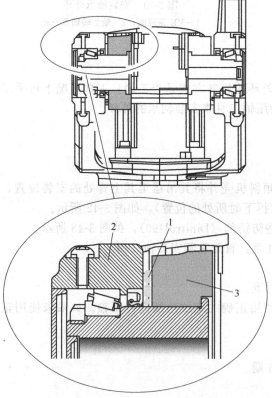

图 3-43　在倾斜机壳接触上臂处的表面喷涂防锈剂

1—Dinitrol490；2—倾斜机壳；3—上臂

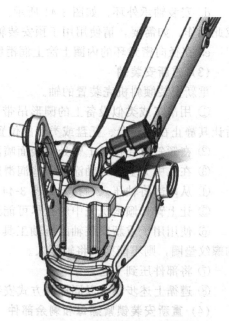

图 3-44　从内部将轴压入轴孔

③ 在锁紧螺母 KM7 的螺纹中注入锁紧液体（Loctite243）。

④ 用锁紧螺母固定轴 2 的轴。锁紧螺母平坦的一侧朝内！

⑤ 在轴 3 端放入轴承的内环，并将其压入到位。通常可以非常轻松地将轴承安装到位。

⑥ 在锁紧螺母 KM7 的螺纹中注入锁紧液体（Loctite243）。

⑦ 用锁紧螺母固定轴 3 的轴。锁紧螺母平坦的一侧朝内！固定轴 3 端的锁紧螺母时，旋转倾斜机壳。

⑧ 用异丙醇将 VK 盖的表面清除干净。

⑨ 用塑料锤在轴 2 和轴 3 上安装小型 VK 盖。

⑩ 用塑料锤在轴 2 和轴 3 上安装大型 VK 盖。

⑪ 卸下两端的 M6 螺钉，向轴承注入润滑脂。一个孔用于注油，另一个孔用于排出空气。持续注入润滑脂直到其溢出排气孔为止。

⑫ 装上遮盖注油孔的 M6 螺钉和垫圈。

⑬ 重新安装上连杆臂。

⑭ 重新安装电机电缆、轴 6。

⑮ 重新校准机器人。

3.5　工业机器人机械臂的装调与维修

3.5.1　更换上臂

(1) 上臂的位置

上臂的位置如图 3-45 所示。

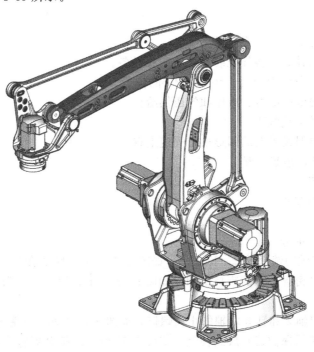

图 3-45　上臂的位置

(2) 上臂的结构

上臂的结构如图 3-46 所示。

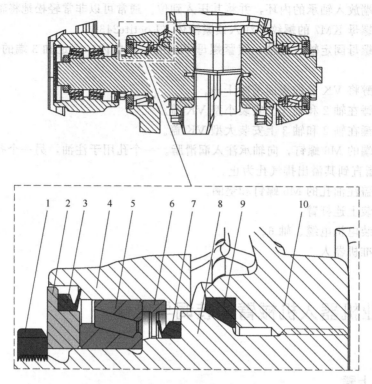

图 3-46　上臂的结构

1—锁紧螺母；2—支撑环；3—密封环（V 形环）；4—下臂；5—轴承；6—T 形环；
7—密封环（V 形环）；8—轴；9—轴衬；10—上臂

(3) 拆卸上臂

① 拆卸上臂的轴之前的准备工作

a. 卸下安装在上臂和倾斜外壳装置上的所有设备。

b. 将轴 2 和轴 3 分别微动至＋40°和－40°的位置。

c. 关闭机器人的所有电力、液压和气压供给！

d. 卸除上臂中的电缆线束。

e. 使用吊车或类似设备上的圆形吊带固定上臂。

f. 升起吊运设备，吊起上臂。

g. 卸下联动系统。

h. 卸下倾斜机壳装置。

i. 卸下平行杆。

② 卸下上臂第 1 部分

a. 卸下用于固定轴的锁紧螺母（KM12），如图 3-47 所示。移除轴 2 和轴 3 端的锁紧螺母。

b. 卸下轴上的带密封环额的支持垫圈，如图 3-48 所示。卸下轴 2 和轴 3 端的带密封环额的支持垫圈。

c. 卸下用于固定轴 2 和轴 3 之轴的止动螺钉，如图 3-49 所示。每根轴上各一颗。

d. 将适配器（包括保护盖）放到轴上，如图 3-50 所示。接合器包含两个部件：接合器和保护盖，如图 3-51 所示。使用接合器时，务必将保护盖安装在接合器上。

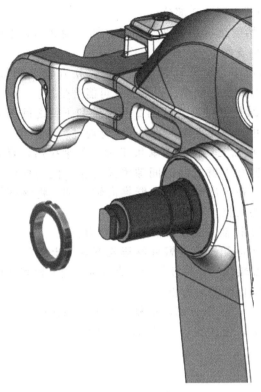

图 3-47　卸下锁紧螺母

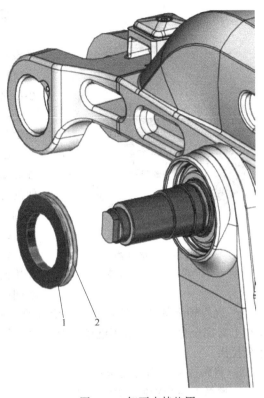

图 3-48　卸下支持垫圈

1—支持垫圈；2—密封环

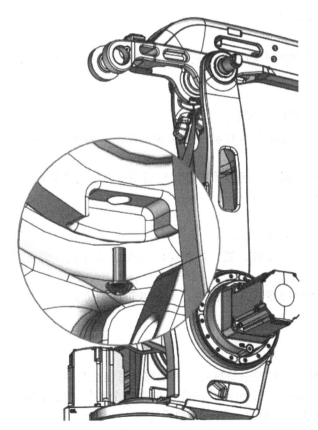

图 3-49　止动螺钉

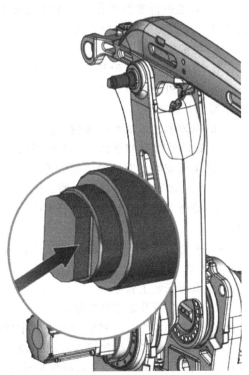

图 3-50　将适配器放到轴上

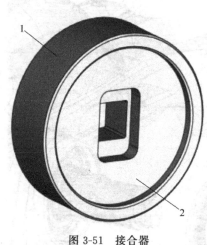

图 3-51　接合器
1—保护盖；2—适配器

③ 卸下上臂第 2 部分

a. 开始继续拆卸轴 3 端的轴。卸下轴 3 后，上臂将没有任何支撑。

b. 通过小心地转动开始操作，以松开轴 3 的轴。小心地执行此拆卸动作。否则螺纹可能会受损。

c. 继续松开轴，直到轴 2 端上臂和下臂之间的间隙消失为止。在此点处，轴仍与上臂通过螺纹相连。

d. 用拉轴工具将带轴承和 T 形环的轴拉出，直到轴 3 端上臂和下臂之间的间隙消失为止。使用杆或类似的工具，在拉出轴时将上臂推向轴 3 端。将该杆插入轴 2 端的间隙。

e. 卸下拉轴工具并在轴上装上接合器。

f. 使用适配器从上臂处继续松开轴。上臂将再次开始向轴 2 端移动。持续松开，直到轴 2 端上臂和下臂之间的间隙再次消失为止。

g. 确保轴上的螺纹已和上臂完全分离。如果还"未"分离，重复上述步骤确保轴上的螺纹和上臂完全分离，然后再继续。如果"已"分离，使用拉轴工具将轴与轴承和 T 形环一同完全拉出。

h. 将轴放在干净且安全的位置。

i. 遵循上述步骤卸下轴 2 的轴。

j. 卸下上臂。

k. 检查 V 形环。如有损坏，请进行更换。

(4) 安装上臂

① 对轴进行准备工作　在重新安装上臂之前对轴和轴承进行必要的准备工作。此操作最好在工作台或类似位置处完成。

a. 将轴放在工作台上。

b. 将密封环（V 形环）安装在轴上，如图 3-52 所示。

c. 在轴和密封环上涂上一些润滑脂。切勿将油脂涂在轴的螺纹和锥体上，如图 3-52 所示的阴影部分区域。

d. 向轴承注入轴承润滑脂。注入润滑脂期间，旋转轴承以确保外圈和内圈均润滑良好。

e. 在轴的螺纹和锥体上涂上润滑膏（Molycote1000）。

② 重新安装上臂的轴之前的准备工作

a. 使用吊车或类似设备上的圆形吊带固定上臂。

b. 检查上臂中轴衬是否完好无损且仍处于正确的位置，如图 3-53 所示。如受损，请更换轴衬。

c. 将上臂移动至其安装位置。确保将上臂放置在水平位置。确保以正确的方式（轴可无损插入）放置上臂。

③ 重新安装上臂轴

a. 从轴 3 端开始重新安装。

b. 仅用手，小心地将轴旋入上臂中的螺纹。切勿强行旋转，否则螺纹可能会受损！

c. 将适配器（包括保护盖）放到轴上，如图 3-50 所示。接合器包含两个部件：接合器和保护盖。使用接合器时，务必将保护盖安装在接合器上，如图 3-51 所示。

d. 用手将 T 形环放到轴上，使其尽可能靠近其最终位置，如图 3-54 所示。

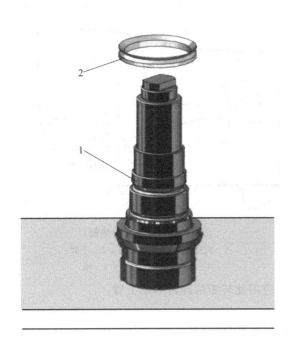

图 3-52　将密封环（V 形环）安装在轴上

1—轴；2—密封环（V 形环）

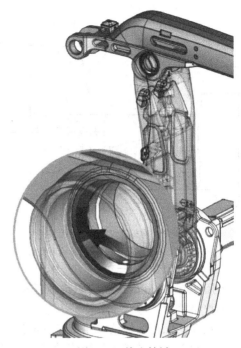

图 3-53　检查轴衬

e. 将轴承的外环放置到轴上，使其尽可能靠近其最终位置，如图 3-55 所示。

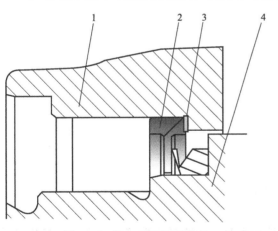

图 3-54　将 T 形环放到轴上

1—下臂；2—T 形环；3—T 形环所接
触的下臂表面；4—轴

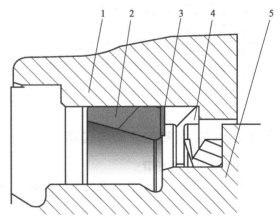

图 3-55　将轴承的外环放置到轴上

1—下臂；2—外轴承；3—轴承外环所
接触的 T 形环表面；4—T 形环；5—轴

f. 使用上臂压轴工具，将两个部件压入其最终位置。

g. 在轴承内环中注入润滑脂。

h. 使用上臂压轴工具在轴上安装轴承内环并将其压紧，如图 3-56 所示。

i. 安装带密封环的支持垫圈，如图 3-57 所示。

j. 按照以下顺序，使用轴 3 端的锁紧螺母固定轴：

• 在锁紧螺母的螺纹中注入锁紧液体（Loctite243）。

• 用 90N·m 的拧紧转矩将锁紧螺母拧紧。

k. 按照以下顺序，使用轴 2 端的锁紧螺母固定轴：

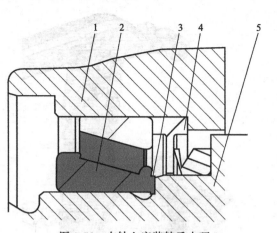

图 3-56　在轴上安装轴承内环

1—下臂；2—轴承内环；3—轴承内环所接
触的轴表面；4—T 形环；5—轴

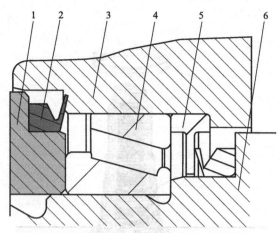

图 3-57　安装支持垫圈

1—支持垫圈；2—密封环；3—下臂；
4—轴承；5—T 形环；6—轴

- 用 200N·m 的拧紧转矩将锁紧螺母拧紧。应用此转矩的同时移动上臂。
- 拧松锁紧螺母。
- 在锁紧螺母的螺纹中注入锁紧液体（Loctite243）。
- 用 90N·m 的拧紧转矩将锁紧螺母拧紧。应用此转矩的同时移动上臂。

拧紧锁紧螺母时，移动上臂对于正确地安装非常重要！

l. 在止动螺钉的两个孔中灌注锁紧液体（Loctite243），然后安装螺钉，如图 3-49 所示。

m. 擦掉轴上残留的润滑脂和污染物。

n. 重新安装倾斜机壳装置。

o. 重新安装平行杆。

p. 重新安装上臂中的电缆线束。

q. 从连杆开始重新安装联动装置系统。

r. 重新校准机器人。

3.5.2　联动装置的装调与维修

(1) 更换上连杆臂

① 连杆臂的位置　连杆臂的位置如图 3-58 所示。

② 卸下上连杆臂

a. 将机器人调整为可接触到所有需拆卸部件的姿势。检查是否能够拆卸中间连接件处的锁紧垫圈。

b. 使倾斜机壳静止在工作台、托盘或类似位置处，如图 3-59 所示。避免拆卸上连杆臂时倾斜机壳掉落。为避免发生事故，请将上臂也固定在吊车上。

c. 如果下连杆臂已卸下，用圆形吊带将中间连接件固定在吊车上，如图 3-60 所示。使用中间连接件中心的孔。在上连杆臂和下连杆臂均已卸下时避免中间连接件移动。

d. 关闭机器人的所有电力、液压和气压供给。

e. 卸下固定锁紧垫圈的锁紧螺钉，如图 3-61 所示。

f. 卸下锁紧垫圈，如图 3-62 所示。

g. 卸下上连杆臂，如图 3-63 所示。从连杆拆卸连杆臂时，需要用到三脚式轴承拆卸器。从倾斜机壳上拆卸时，可使用塑料锤。

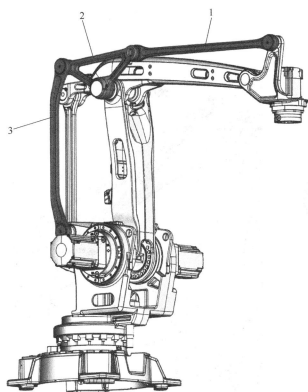

图 3-58　连杆臂的位置

1—上连杆臂；2—中间连接件；3—下连杆臂

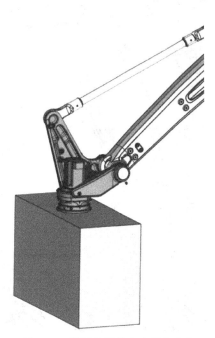

图 3-59　倾斜机壳静止在工作台上

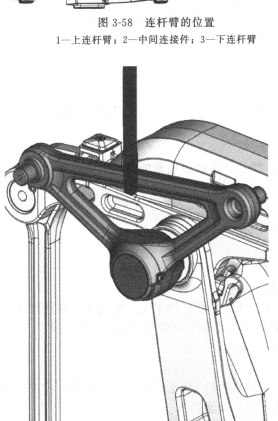

图 3-60　用圆形吊带将中间连接件固定在吊车上

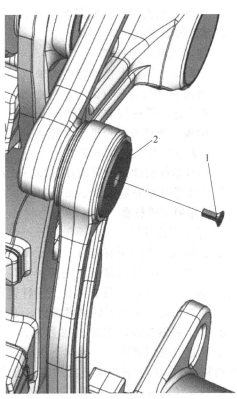

图 3-61　固定锁紧垫圈的锁紧螺钉

1—锁紧螺钉；2—锁紧垫圈

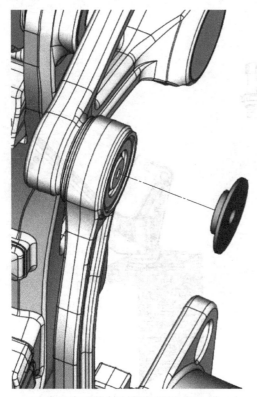

图 3-62 锁紧垫圈

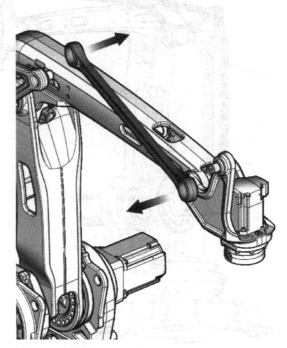

图 3-63 卸下上连杆臂

h. 卸下径向密封环，如图 3-64 所示。

i. 擦除残留的润滑脂。

③ 重新安装上连杆臂

a. 如需要，更换上连杆臂中的轴承。该轴承对推力十分敏感。确保它们不会受损！

b. 使用轴承润滑脂对轴承进行适当的润滑。

c. 在上连杆臂中安放锁紧垫圈，如图3-62所示。

d. 检查上连杆臂是否已完全压入到位。使用带三个支脚的轴承拆卸器并将上连杆臂压在轴上。压力应施加在锁紧垫圈上。

e. 向锁紧螺钉注入锁紧液体（Loctite243）。

f. 用锁紧螺钉固定锁紧垫圈，如图 3-61 所示。

(2) 更换下连杆臂

① 卸下下连杆臂

a. 关闭机器人的所有电力、液压和气压供给。

b. 如果上连杆臂已卸下，用圆形吊带将中间连接件固定在吊车上。使用中间连接件中心的孔，如图 3-60 所示。目的：在上连杆臂和下连杆臂均已卸下时避免中间连接件移动。

c. 卸下固定锁紧垫圈的锁紧螺钉，如图 3-61 所示。

d. 卸下锁紧垫圈，如图 3-62 所示。

e. 通过直接将其取下，拆卸下连杆臂，如图 3-65 所示。从连杆拆卸连杆臂时，需要用到三脚式轴承拆卸器。从机架上拆卸时，可使用弹性锤，如塑料锤。

f. 卸下径向密封环，如图 3-64 所示。

g. 去除残留的润滑脂和密封剂。

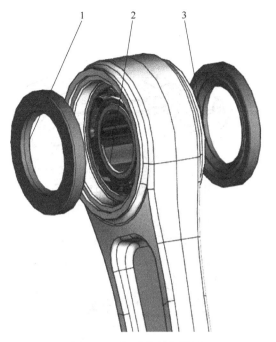

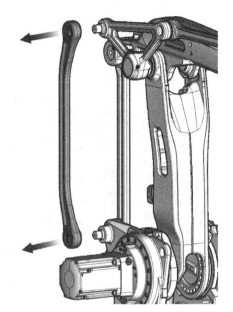

图 3-64　卸下径向密封环

1,3—径向密封环；2—轴承

图 3-65　拆卸下连杆臂

② 重新安装下连杆臂

a. 如有需要，更换轴承。轴承对推力十分敏感，确保它们不会受损。

b. 使用轴承润滑脂对轴承进行适当的润滑。

c. 在下连杆臂中安装径向密封环，如图 3-64 所示。

d. 在下连杆臂中安放锁紧垫圈，如图 3-62 所示。

e. 使用带三个支脚的轴承拆卸器并将下连杆臂压在轴上。注意：压力应施加在锁紧垫圈上。检查下连杆臂是否已完全压入到位。

f. 向锁紧螺钉注入锁紧液体（Loctite243）。

g. 用锁紧螺钉固定锁紧垫圈，如图 3-61 所示。

（3）更换中间连接件

① 连杆装置的结构　图 3-66 显示了连杆装置的结构。

② 卸下中间连接件

a. 关闭机器人的所有电力、液压和气压供给。

b. 使用吊车上的圆形吊带固定中间连接件。要使用中间连接件中心的孔，如图 3-60 所示。目的：在上连杆臂和下连杆臂均已卸下时避免中间连接件移动，以免造成事故。

c. 卸下上连杆臂和下连杆臂。

d. 卸下注油孔处的螺钉和垫圈，如图 3-67 所示。

e. 使用压缩空气卸下 VK 盖，如图 3-68 所示。向注油孔吹入低压气流。用手拿几张纸放在 VK 盖的顶部，以便在其松开时将其拿住。注意：要使用非常低的空气压力！

f. 卸下锁紧螺母（KM8），如图 3-69 所示。

g. 在中间连接件的轴上安装辅轴。

h. 将中间连接件朝向上连接杆的一端向下移动，以移出用塑料锤将其敲下的空间，如图 3-70 所示。在尽量靠近中间连接件中心处的位置进行敲击。开始敲击之前，微微放松一点起吊

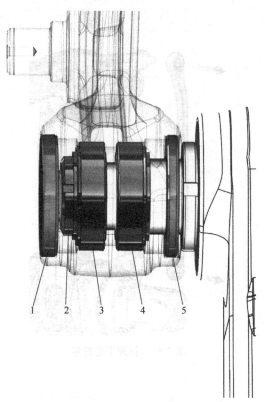

图 3-66　连杆装置的结构

1—VK 盖；2—锁紧螺母；3,4—轴承；5—POM 密封件

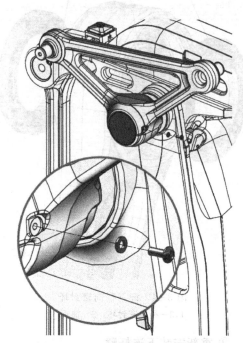

图 3-67　注油孔处的螺钉和垫圈

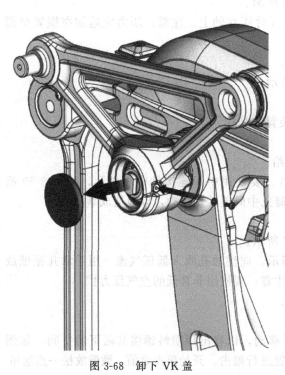

图 3-68　卸下 VK 盖

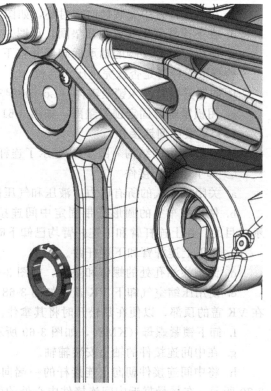

图 3-69　卸下锁紧螺母

力。如不这样做，中间连接件可能会被起吊力锁定。通常，只需轻轻地敲击即可卸下中间连接件。如需要，使用轴承拆卸器拆卸连杆。

i. 使用一对杠杆或使用轴承拆卸器将中间连接件撬松。

j. 卸下中间连接件。

k. 卸下 POM 密封环，如图 3-71 所示。

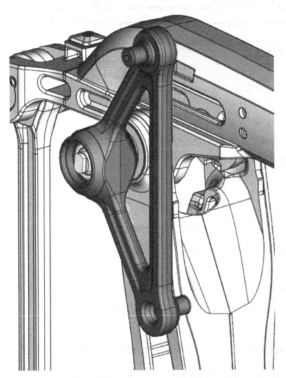

图 3-70　将中间连接件朝向上连接杆的一端向下移动

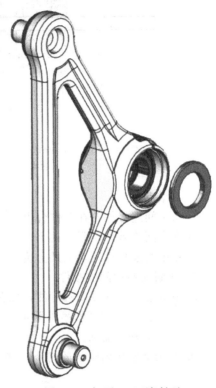

图 3-71　卸下 POM 密封环

l. 擦去残留的润滑脂。

m. 如有需要，更换轴承。

③ 安装轴承

a. 压紧内轴承的外环　图 3-72 显示了位于连杆上的压紧工具及其部件，已准备好可以开始压紧轴承外环（压紧内轴承的外环）。

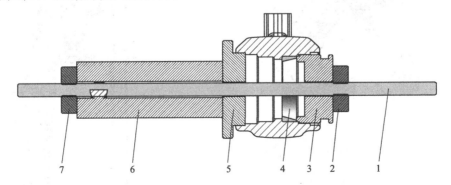

图 3-72　压紧内轴承的外环

1—螺纹杆 M16；2,7—止动螺母；3—中间连接件压紧工具（轴承外环）；4—中间连接件上内轴承的外环；5—支撑件压紧工具；6—液压缸

b. 压紧外轴承的外环 图 3-73 显示了位于连杆上的压紧工具及其部件，已准备好可以开始压紧轴承外环（压紧外轴承的外环）。

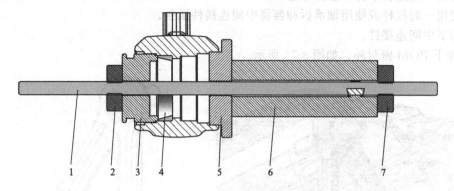

图 3-73 压紧外轴承的外环

1—螺纹杆 M16；2,7—螺纹垫圈；3—中间连接件压紧工具（轴承外环）；4—中间连接件上外轴承的外环；5—支撑件压紧工具；6—液压缸

c. 安装步骤

• 将中间连接件放在工作台上。

• 在中间连接件压紧工具上装上轴承的外环之一，并将其压入到位。

• 在中间连接件压紧工具上装上轴承的其他外环，并将其压入到位。

④ 重新安装中间连接件

a. 在轴上放置 POM 密封件，如图 3-74 所示。

b. 使用吊车上的圆形吊带固定中间连接件，并将其吊运至安装位置。

c. 在轴上安装辅轴。

d. 在轴上安放内轴承的内环，并用中间连接件压紧工具将其压入到位，如图 3-75 所示。

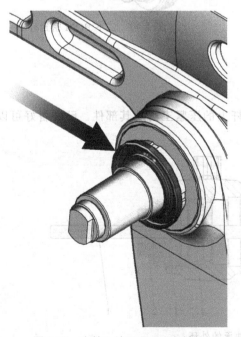

图 3-74 在轴上放置 POM 密封件

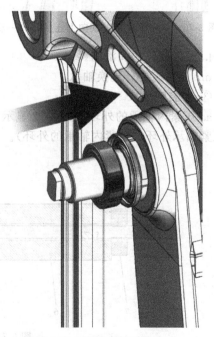

图 3-75 安放内轴承的内环

e. 在轴上安放外轴承的内环和中间连接件，如图 3-76 所示。

f. 使用中间连接件压紧工具将这些部件压到一起。

g. 向锁紧螺母注入锁紧液体（Loctite243），如图 3-69 所示。

h. 用以下三个步骤固定锁紧螺母（按照推荐的顺序拧紧锁紧螺母非常重要，这样可避免轴未来发生故障）。

• 以 300N•m 的转矩拧紧，同时旋转连杆。

• 拧松锁紧螺母。

• 最后，用 90N•m 的拧紧转矩将锁紧螺母拧紧。

i. 小心地用螺丝刀将 POM 密封件装入其最终位置，如图 3-77 所示。

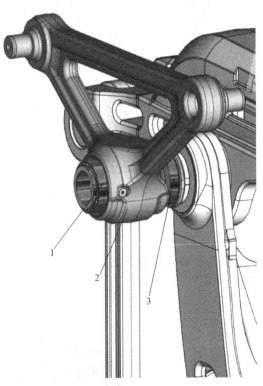

图 3-76 在轴上安放外轴承的内环和中间连接件
1—外轴承的内环；2—连杆；3—内轴承整件

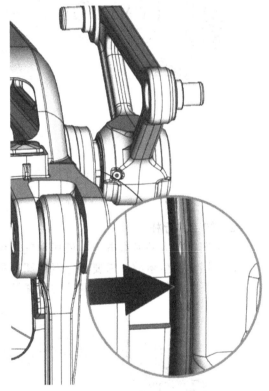

图 3-77 用螺丝刀将 POM 密封件
装入其最终位置

j. 重新安装 VK 盖，如图 3-78 所示。

k. 向中间连接件注入润滑脂，如图 3-79 所示。

l. 重新安装螺孔处的螺钉和垫圈，如图 3-67 所示。以便注入润滑脂。

m. 重新安装上连杆臂。

n. 重新安装下连杆臂。

o. 重新校准机器人。

3.5.3 更换平行杆

(1) 平行杆的位置

平行杆的位置如图 3-80 所示。

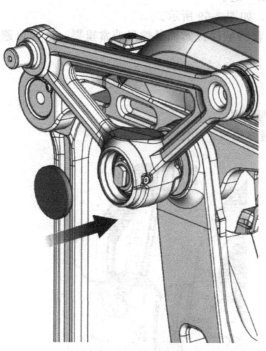

图 3-78 重新安装 VK 盖

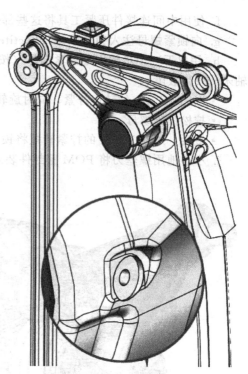

图 3-79 向中间连接件注入润滑脂

(2) 卸下平行杆

① 关闭机器人的所有电力、液压和气压供给。

② 为避免发生事故，需要将上臂用圆形吊带固定在吊车或类似装置上。

③ 卸下将平行杆的轴固定到位的锁紧螺钉和垫圈，如图 3-81 所示。

图 3-80 平行杆的位置

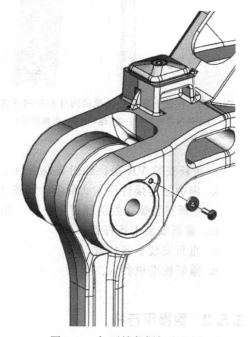

图 3-81 卸下锁紧螺钉和垫圈

④ 在轴 3 端加入垫片（$T=8\text{mm}$），如图 3-82 所示。

(a) 垫片

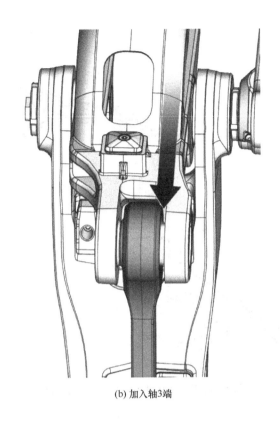

(b) 加入轴3端

图 3-82　在轴 3 端加入垫片

a—厚度＝8mm

⑤ 卸下上部轴，如图 3-83 所示。

⑥ 将平行杆从其上部连接点向后移动，让静止在底座处，如图 3-84 所示。

⑦ 卸下安装在轴 2 端的带 POM 密封件的止推垫圈，如图 3-85 所示。

⑧ 卸下轴 3 端的 POM 密封件。

⑨ 按照拆卸平行杆上端的相同方法拆卸其下端。

⑩ 将平行杆从机器人上卸下。

⑪ 如有必要，更换轴承。

（3）重新安装平行杆

① 开始重新安装平行杆的下端。

② 确保轴承位于平行杆上正确的位置。

③ 在止推垫圈上安装 POM 密封件，如图 3-86所示。

④ 将止推垫圈（装有 POM 密封件）放置到平行杆的轴 2 端处，如图 3-87 所示。

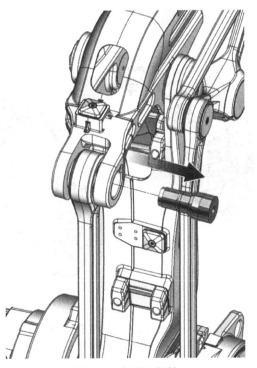

图 3-83　卸下上部轴

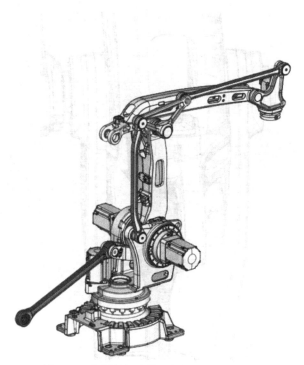

图 3-84　将平行杆从其上部连接点向后移动

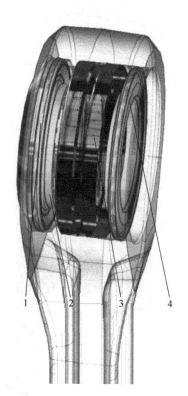

图 3-85　卸下止推垫圈

1—止推垫圈；2—轴承；

3—安装在止推垫圈上的 POM 密封件（轴 2 端）；

4—POM 密封件（轴 3 端）

图 3-86　在止推垫圈上安装 POM 密封件

1—止推垫圈；2—POM 密封件

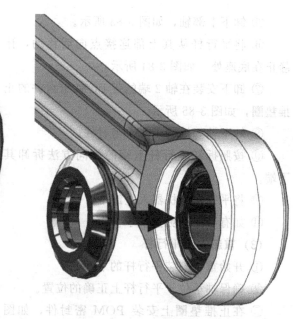

图 3-87　将止推垫圈放置到平行杆的轴 2 端处

⑤ 卸下轴 3 端的其他 POM 密封件，如图 3-88 所示。

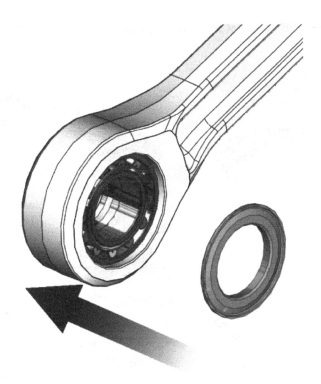

图 3-88　卸下轴 3 端的其他 POM 密封件

⑥ 将平行杆放入下端的平行杆安装位置，如图 3-89 所示。

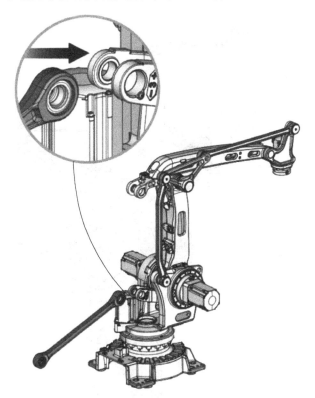

图 3-89　将平行杆放入安装位置

⑦ 在轴 3 端加入垫片（$a=8$mm），如图 3-82 所示。请勿将垫片向下推太远。

⑧ 使用安装/拆卸工具重新安装轴，如图 3-90 所示。

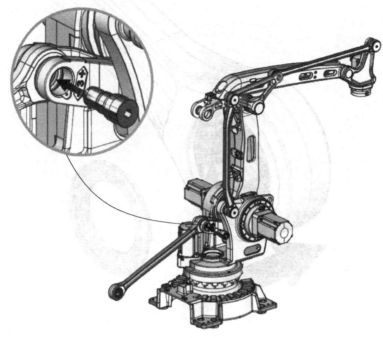

图 3-90　重新安装轴

⑨ 向锁紧螺钉的孔注入锁紧液体（Loctite243），如图 3-91 所示。

图 3-91　向锁紧螺钉的孔注入锁紧液体

⑩ 重新安装锁紧螺钉和平垫圈。其规格为：锁紧螺钉，M6 × 16；平垫圈，6.4×12×1.6。

⑪ 将平行杆拉起，移至安装上端的位置，如图 3-92 所示。

⑫ 以同样的方式重新安装平行杆的上端。

3.5.4　更换整个下机械臂系统

（1）下机械臂系统的位置

完整的下机械臂系统包括下臂和平行臂。下机械臂系统的位置如图 3-93 所示。

（2）卸下下机械臂系统

① 关闭机器人的所有电力、液压和气压供给。

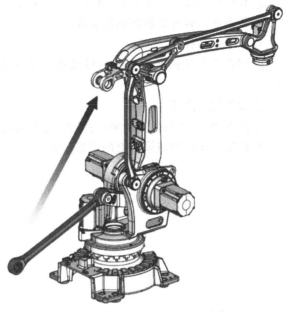

图 3-92　将平行杆移至安装上端的位置

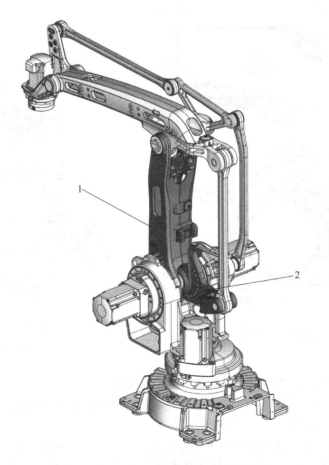

图 3-93　下机械臂系统的位置

1—下臂；2—平行臂

② 在螺孔中旋入锁紧螺钉 M16×90 固定下臂，如图 3-94 所示。

③ 从上连杆臂开始拆卸联动装置。

④ 卸下平行杆。

⑤ 卸除在上臂和下臂中的电缆线束，以保护电缆线束不受损和不沾油的方式固定电缆线束。

⑥ 卸下整个上臂。

⑦ 卸下轴 2、3 电机上的盖，并断开电机电缆。卸下电机，以便于旋转下臂和平行臂。

⑧ 使用吊车或类似设备上的圆形吊带固定整个下机械臂系统，如图 3-95 所示。

图 3-94　下臂

图 3-95　使用圆形吊带固定
整个下机械臂系统

⑨ 卸下固定下机械臂系统的锁紧螺钉，如图 3-94 所示。

⑩ 为释放制动闸，连接 24V DC 电源。连接连接器 R2.MP2 或 R2.MP3，连接哪一个视具体情况而定：＋，插脚 2；－，插脚 5。

⑪ 卸下两端固定下机械臂系统的所有连接螺钉（M12），如图 3-96 所示。需要旋转下臂和平行臂才能接触到所有连接螺钉。释放制动闸并使用安装在电机轴上的旋转工具，如图3-97所示。

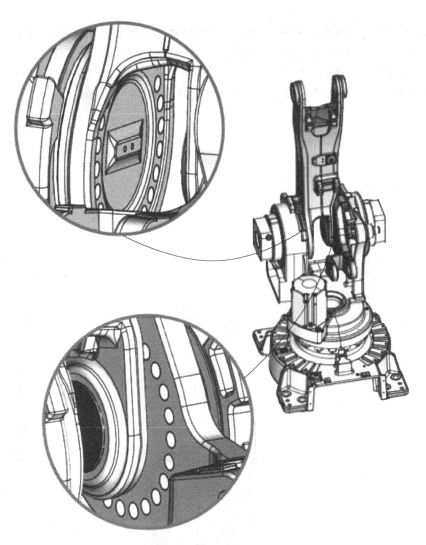

图 3-96　固定下臂

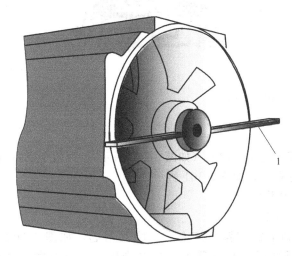

图 3-97　旋转工具

1—旋转工具

⑫ 卸下密封盖，如图 3-98 所示。

⑬ 齿轮箱之间的空间非常狭窄。因此需要使用铁条或类似工具将下臂和平行臂推到一起之后，再将它们拆下。如果未将这些部件推到一起，则很难拆卸整个下臂。

⑭ 平行臂固定在上臂上，如图 3-99 所示。卸下下机械臂系统之前，必须将平行臂固定在上臂上。如果未固定，平行臂可能会掉落并造成严重事故。

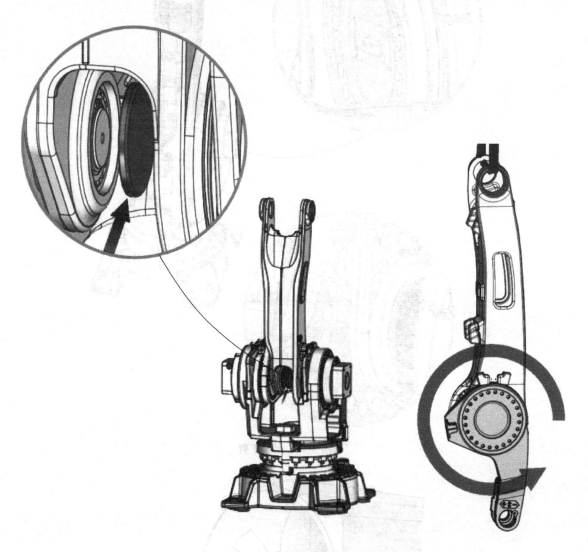

图 3-98 密封盖

图 3-99 平行臂固定
在上臂上

⑮ 移动平行臂，将其固定在上臂上（如图 3-100 所示），以避免其掉落。

⑯ 卸下整个下机械臂系统，如图 3-101 所示。

(3) 重新安装下机械臂系统

① 将平行臂安装到下臂上。

② 将圆形吊带安装到下机械臂系统上，并将其吊起，如图 3-102 所示。吊起下机械臂系统之前，必须将平行臂固定在下臂上。如果未固定，平行臂可能会掉落并造成严重事故。

③ 为释放制动闸，连接 24VDC 电源。连接连接器 R2.MP2 或 R2.MP3，具体情况：＋，插脚 2；－，插脚 5。

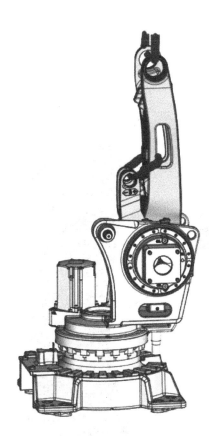

图 3-100　将平行臂固定在上臂上

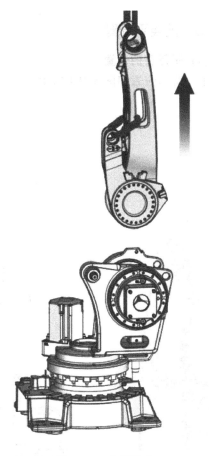

图 3-101　卸下整个
下机械臂系统

④ 将下机械臂系统放置到其安装位置，如图 3-103 所示。如果需要调整孔型，请释放制动闸并使用旋转工具通过移动齿轮找出正确的孔型，如图 3-97 所示。

⑤ 重新安装轴 2 端。

⑥ 重新将带垫圈的 M12 连接螺钉安装在可安装的轴 2 端，如图 3-96 所示。M12 拧紧转矩：120N·m。

⑦ 在铁条或类似工具的帮助下，将平行臂推向轴 3 端。

⑧ 重新将带垫圈的 M12 连接螺钉安装在可安装的轴 3 端，M12 拧紧转矩：120N·m。

⑨ 更改下臂的姿势，以便接触到剩余的连接螺孔，并安装剩余的螺钉。

⑩ 通过安装锁紧螺钉 M16×90 固定下臂，如图 3-94 所示。

⑪ 重新安装密封盖，如图 3-98 所示。

⑫ 重新连接轴 2、3 电机电缆并重新安装盖。

⑬ 重新安装整个上臂。

⑭ 重新安装在上臂和下臂中的电缆线束。

⑮ 重新安装平行杆。

⑯ 从连杆开始重新安装联动装置。

⑰ 卸下锁紧螺钉。

⑱ 重新校准机器人。

3.5.5 更换平行臂

(1) 平行臂的位置

平行臂的位置如图 3-104 所示。

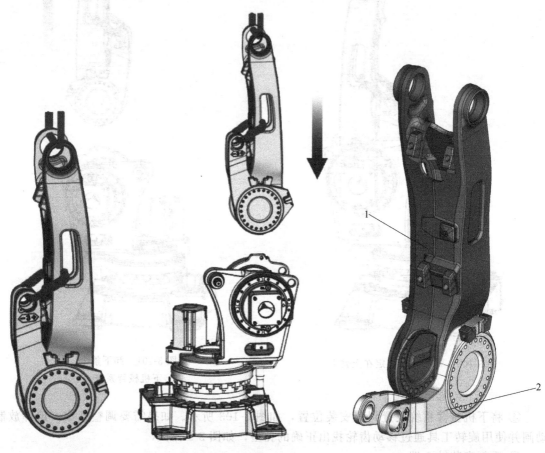

图 3-102　吊起下
机械臂系统

图 3-103　将下机械臂系统
放置到其安装位置

图 3-104　平行臂的位置
1—下臂；2—平行臂

(2) 卸下平行臂

① 将整个下机械臂系统从机器人上卸下。

② 关闭机器人的所有电力、液压和气压供给。

③ 将平行臂固定在下臂上，如图 3-105 所示。吊起下机械臂系统之前，必须将平行臂固定在下臂上。如果未固定，平行臂可能会掉落并造成严重事故。

④ 固定下机械臂系统，如图 3-106 所示。

⑤ 将下机械臂系统放在工作台上，如图 3-107 所示。拆卸平行臂最好在工作台上进行。

⑥ 使用吊车上的圆形吊带固定平行臂。

⑦ 通过将平行臂直接吊起将其从下臂处卸下，如图 3-108 所示。如有需要，使用弹性锤（如塑料锤）从内向外锤击平行臂。

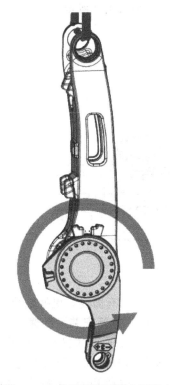

图 3-105　将平行臂固定在下臂上

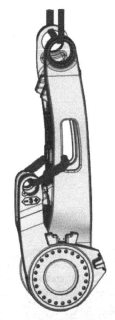

图 3-106　固定下机械臂系统

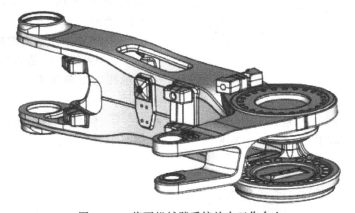

图 3-107　将下机械臂系统放在工作台上

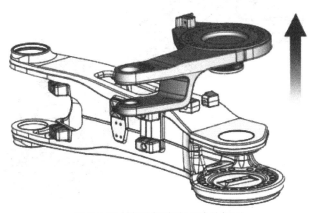

图 3-108　将平行臂从下臂处卸下

⑧ 翻转平行臂，将其放在工作台或类似的装置上，如图 3-109 所示。

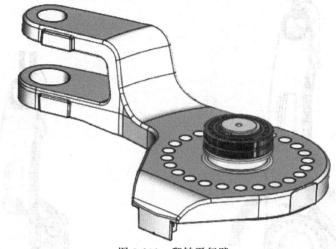

图 3-109　翻转平行臂

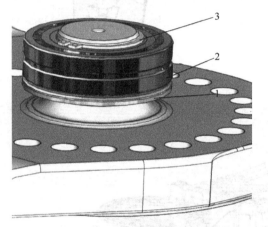

图 3-110　检查 POM 密封件、轴承和扣环的装配是否正确
1—POM 密封件；2—轴承；3—扣环

⑨ 如有需要，更换轴承。

（3）重新安装平行臂

① 将平行臂置于工作台上，重新安装平行臂最好在工作台上进行。

② 检查 POM 密封件、轴承和扣环的装配是否正确，状况是否良好，如图 3-110 所示。如有受损，更换受损的部件。

③ 向轴承注入润滑脂。

④ 检查下臂是否按照图示的方式，轴承孔向上放置在工作台上，如图 3-111 所示。

⑤ 在孔中为轴承涂上一些润滑脂，如图 3-112 所示。

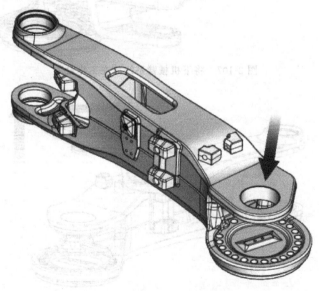

图 3-111　检查下臂

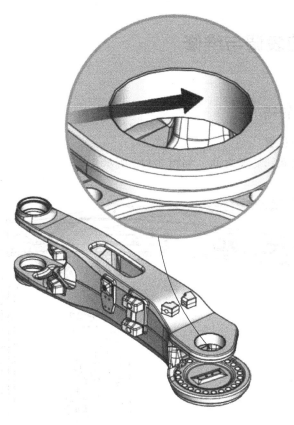

图 3-112　在孔中为轴承涂上一些润滑脂

⑥ 将平行臂吊运至放置下臂的位置。

⑦ 将安装了轴承的平行臂推入下臂，如图 3-113 所示。如有需要，使用弹性锤（如塑料锤）在平行臂的铸造表面上敲击。

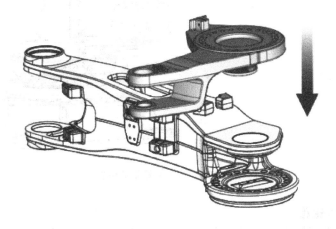

图 3-113　将平行臂推入下臂

⑧ 重新安装密封盖，如图 3-98 所示。

⑨ 重新安装整个下机械臂系统。

⑩ 重新校准机器人。

3.6 齿轮箱的装调与维修

3.6.1 更换轴1齿轮箱

(1) 轴1齿轮箱的位置

轴1齿轮箱位于机架和底座之间，如图3-114所示。

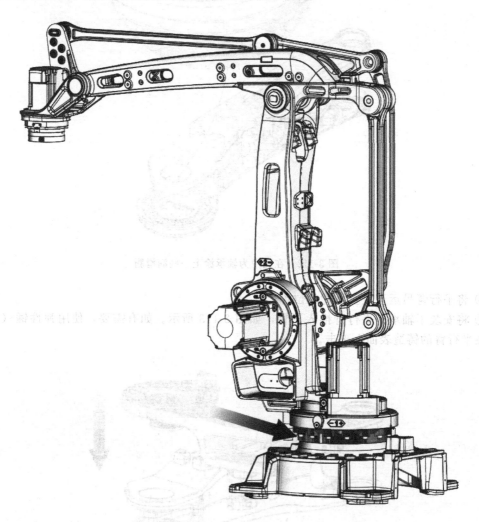

图3-114 轴1齿轮箱的位置

(2) 卸下轴1齿轮箱

① 将机器人微动至轴2＝－40°、轴3＝＋25°位置，也就是将机器人调至其装运姿态，如图2-1所示。

② 关闭机器人的所有电力、液压和气压供给！

③ 排出轴1齿轮箱的润滑油。

④ 断开机器人底座后部的所有接线，并吊出底座内部的电缆托板。

⑤ 将断开的线缆从轴 1 齿轮箱的中心拉出。

⑥ 卸下完整机械臂系统。

⑦ 拧松轴 1 齿轮箱中心的电缆导向装置上的螺钉，并将导向装置吊到一旁。

⑧ 拧松底座上的连接螺钉，以使底座从机座上松开。

⑨ 在齿轮箱的两侧安装两个吊眼，如图 3-115 所示。

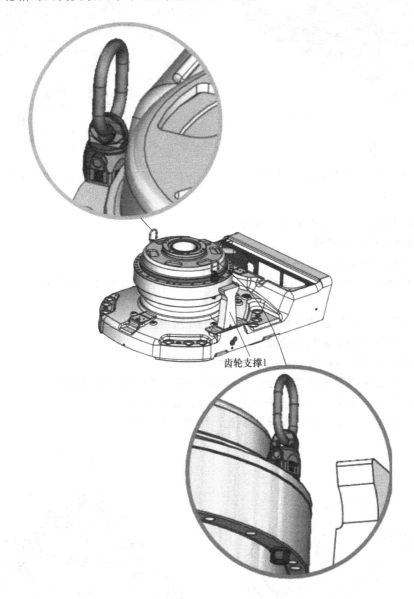

齿轮支撑1

图 3-115　在齿轮箱的两侧安装两个吊眼

⑩ 将底座和齿轮 1 起吊附件以及圆形吊带连接到齿轮箱和底座上。

⑪ 吊起包含轴 1 齿轮箱在内的底座，在底座的两侧安装底座和齿轮支撑 1。

⑫ 将底座和齿轮支撑 1 安装在底座和基座上，如图 3-116 所示。确保底座保持在稳定的位置，然后才能在底座下执行其他工作。

⑬ 为了接触到将轴 1 齿轮箱固定到底座的连接螺钉，请卸下机器人底座连接器板。

⑭ 拧松连接螺钉和垫圈（12 个），如图 3-117 所示。

图 3-116　将底座和齿轮支撑安装在底座和基座上
1—支撑底座（4 个）

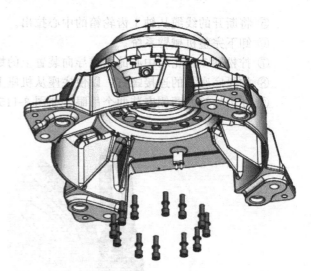

图 3-117　拧松连接螺钉和垫圈

⑮ 使用已安装的起吊附件吊起齿轮箱。

（3）重新安装轴 1 齿轮箱

① 将底座和齿轮支撑安装到底座上，如图 3-116 所示。

② 确保 O 形环正确地嵌入齿轮箱中的 O 形环凹槽位，如图 3-118 所示。用少量润滑脂润滑 O 形环。

③ 在齿轮箱的两侧安装两个吊眼，如图 3-115 所示。

④ 将底座起吊设备安装到齿轮箱上。

⑤ 在底座相互平行的两个连接孔中安装两根导销。

⑥ 将轴 1 齿轮箱调运至导销上方，然后小心地将其降下落入其安装位置。

⑦ 使用齿轮箱的连接螺钉和垫圈固定齿轮箱，如图 3-117 所示。

⑧ 用其连接螺钉重新安装电缆导向装置，如图 3-119 所示。

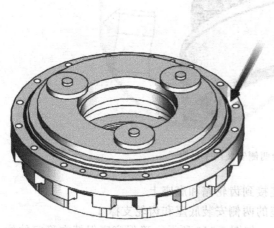

图 3-118　O 形环嵌入 O 形环凹槽位

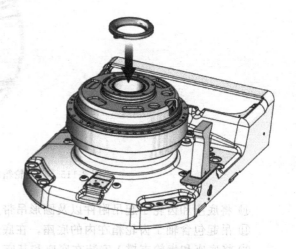

图 3-119　重新安装电缆导向装置

⑨ 吊起机器人底座和轴 1 齿轮箱并卸下底座和齿轮支撑。

⑩ 将底座固定在基座上。

⑪ 检查机架上中心孔处的油封。如有损坏，将其更换。

⑫ 重新安装完整机械臂系统。

⑬ 测试轴 1 齿轮箱的泄漏。

⑭ 向齿轮箱重新注入润滑油。

⑮ 重新校准机器人。

3.6.2　更换轴 2 齿轮箱

(1) 轴 2 齿轮箱的位置

轴 2 和轴 3 齿轮箱分别位于机架的两侧，如图 3-120 所示。注意：切勿同时更换两个齿轮箱，除非已卸下了整个机械臂系统。

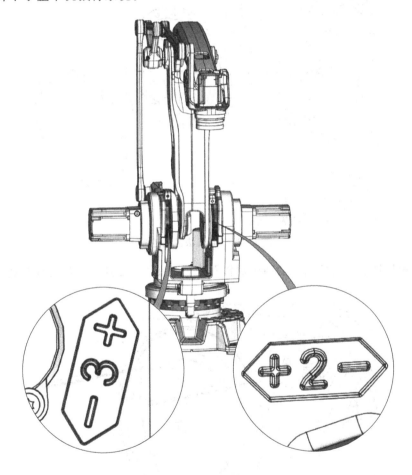

图 3-120　轴 2 和轴 3 齿轮箱的位置

(2) 拆卸轴 2 齿轮箱之前的准备工作

① 排出齿轮箱中的油。

② 将轴 2 微动至 0°，轴 3 微动至正的最大度数。

③ 在下臂中插入锁紧螺钉，固定轴 2，如图 3-94 所示。注意：只能手动执行此操作！

④ 释放轴 2 和轴 3 上的制动闸，以便让平行臂搁置于阻尼器上。

⑤ 采用圆形吊带（或类似工具）将平行杆固定到下臂。此操作的作用是将平行臂锁定到位。

⑥ 关闭机器人的所有电力、液压和气压供给。

(3) 卸下轴 2 齿轮箱

① 卸下轴 2 电机。保护电缆使其不受损或沾染油污。

② 拧松电机法兰的连接螺钉，将垫圈和电机法兰吊到一旁，如图 3-121 所示。

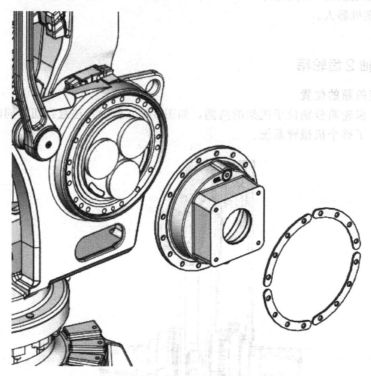

图 3-121　电机法兰的连接

③ 将两根导销旋入齿轮箱中的两个对接孔中，如图 3-122 所示。注意成对地使用导销。

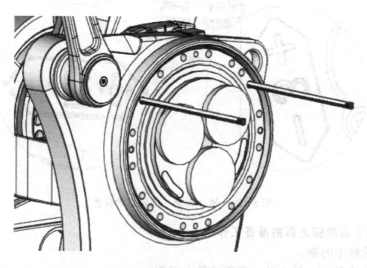

图 3-122　将两根导销旋入齿轮箱中的两个对接孔中

④ 将起吊工具安装到齿轮箱上。

⑤ 拧松将齿轮箱固定在下机械臂系统上的 M12 连接螺钉，如图 3-123 所示。

⑥ 如有需要，将两颗全螺纹 M12×60 螺钉装入齿轮箱中的孔，将齿轮箱顶出。

⑦ 用吊车或类似设备将轴 2 齿轮箱沿已安装的导销吊出。

(4) 重新安装轴 2 齿轮箱之前的准备工作

① 清洁所有接触面上的油漆残留以及污物。

② 确保将 O 形环安装到齿轮箱，如图 3-124 所示。

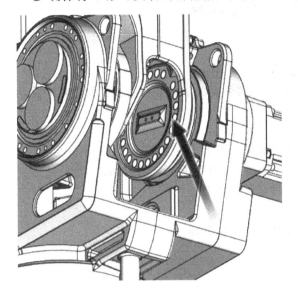

图 3-123 拧松连接螺钉

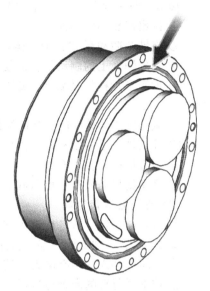

图 3-124 将 O 形环安装到齿轮箱

③ 用润滑脂轻轻润滑 O 形环。

④ 在所有接触面涂上一些润滑脂。

⑤ 在机架的齿轮箱对接孔中安装两根导销，如图 3-122 所示。

⑥ 在齿轮箱的对接孔中安装两个导销。其中一根导销比另一根短，目的是便于安装到下臂。注意：导销所处的位置必须便于稍后取下。

(5) 重新安装轴 2 齿轮箱

① 将起吊工具安装到齿轮箱上。

② 使用吊车或类似设备，将齿轮箱起吊到导销上。

③ 小心地将齿轮箱滑入导销，滑至其安装位置。

④ 使用曲柄移动齿轮箱，将其调整到与连接螺钉孔对应的正确位置。

⑤ 使用连接螺钉和垫圈将齿轮箱和电机法兰固定在机架上，如图 3-121 所示。

⑥ 卸下导销并使用剩余的连接螺钉将其更换。

⑦ 使用连接螺钉和垫圈将齿轮箱固定在下机械臂系统上，如图 3-123 所示。

⑧ 在下臂上卸下导销。

⑨ 固定好其余连接螺钉。

(6) 结束轴 2 齿轮箱的重新安装程序

① 将齿轮箱上多余的润滑脂清除干净。

② 重新安装电机。

③ 执行泄漏测试。

④ 向齿轮箱重新注入润滑油。

⑤ 卸下下臂锁紧螺钉，如图 3-94 所示。

⑥ 重新校准机器人。

3.6.3 更换轴3齿轮箱

(1) 拆卸轴3齿轮箱之前的准备工作

切勿同时更换两个齿轮箱，除非已卸下了整个机械臂系统。

① 排出齿轮箱中的油。

② 将轴2微动至0°，轴3微动至正的最大度数。

③ 释放轴3上的制动闸，以便让平行臂搁置于阻尼器上。

④ 拆卸平行杆的底端（或卸下整个平行杆）。这样做是为了能够在后续拆卸过程中移动平行臂。

⑤ 微动轴3（平行臂）至负的最大度数。

⑥ 释放轴3上的制动闸，以便让平行臂搁置于阻尼器上。

⑦ 小心地微动轴2至约 +50°。注意：检查微动期间上臂是否向前移动。

⑧ 将倾斜机壳放置在可承载上臂重量的某种坚硬物体上。

(2) 卸下轴3齿轮箱

① 尽可能多地拧松平行臂中该点处的连接螺钉，以便拆卸。

② 微动轴3（平行臂）至正的最大度数。

③ 关闭机器人的所有电力、液压和气压供给。

④ 拧下平行臂的剩余连接螺钉。

⑤ 卸下轴3电机。

⑥ 拧松电机法兰的连接螺钉，如图 3-121 所示。将垫圈和电机法兰吊到一旁。

⑦ 在齿轮箱的对接孔中安装两个导销，如图 3-122 所示。注意成对地使用导销。

⑧ 将起吊工具安装到齿轮箱上。

⑨ 如有需要，将两颗全螺纹 M12×60 螺钉装入齿轮箱中的孔，将齿轮箱顶出。

⑩ 用吊车或类似设备将齿轮箱沿已安装的导销从机架中吊出。

(3) 重新安装轴3齿轮箱之前的准备工作

① 清洁所有接触面上的油漆残留以及污物。

② 确保将 O 形环安装到齿轮箱，如图 3-124 所示。

③ 用润滑脂轻轻润滑 O 形环。

④ 在所有接触面涂上一些润滑脂。

⑤ 在机架的齿轮箱对接孔中安装两根导销，如图 3-122 所示。

⑥ 在齿轮箱的对接孔中安装两个导销。其中一根导销比另一根短，目的是便于安装到下臂。导销所处的位置必须便于稍后取下。

⑦ 将起吊工具安装到齿轮箱上。

(4) 重新安装轴3齿轮箱

① 使用吊车（或类似设备），小心地将齿轮箱滑入导销至其安装位置。

② 使用曲柄移动齿轮箱，将其调整到与连接螺钉孔对应的正确位置。

③ 使用连接螺钉和垫圈将齿轮箱和电机法兰固定在机架上，如图 3-121 所示。

④ 卸下导销并使用剩余的连接螺钉将其更换。

⑤ 尽可能多地拧紧平行臂中该点处的连接螺钉，并固定轴3齿轮箱。

⑥ 重新安装轴3电机。

⑦ 微动轴2和轴3至可安装和紧固剩余连接螺钉的位置。

⑧ 小心地微动轴3（平行臂）至可将平行杆重新安装到平行臂上的位置。

⑨ 重新安装平行杆。

⑩ 执行泄漏测试。

⑪ 向齿轮箱重新注入润滑油。

⑫ 重新校准机器人。

3.6.4　更换轴 6 齿轮箱

(1) 轴 6 齿轮箱的位置

轴 6 齿轮箱位于机械腕的中心，如图 3-125 所示。

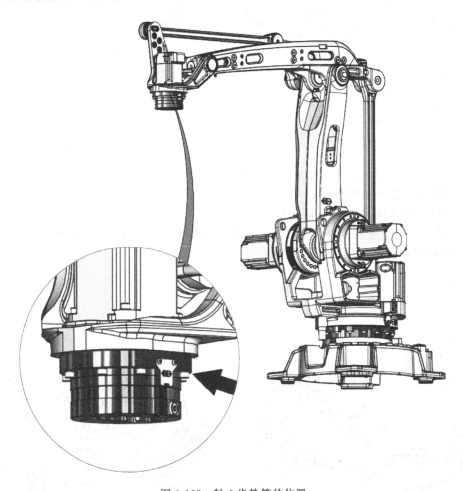

图 3-125　轴 6 齿轮箱的位置

(2) 卸下轴 6 齿轮箱

① 微动机器人至倾斜机壳装置放置到适当维修位置的位置。

② 关闭机器人的所有电力、液压和气压供给。

③ 排出齿轮箱的润滑油。

④ 卸下转动盘。

⑤ 卸下校准板，如图 3-126 所示。

⑥ 拧松齿轮箱上的连接螺钉和垫圈，如图 3-127 所示，并小心地将齿轮箱吊到一旁。注意：操作过程中不要损坏齿轮或电机小齿轮。

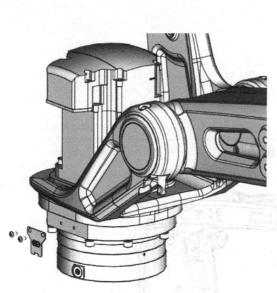

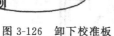

图 3-126 卸下校准板

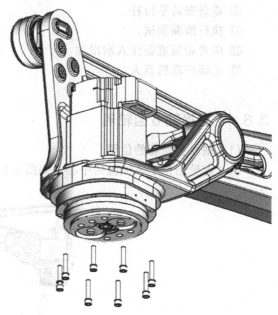

图 3-127 连接螺钉和垫圈

⑦ 检查小齿轮，如图 3-128 所示。如有损坏，将其更换。

(3) 重新安装轴 6 齿轮箱

① 关闭机器人的所有电力、液压和气压供给。

② 确保 O 形环未受损并将其安装到齿轮箱，如图 3-129 所示。如有损坏，请更换 O 形环并用润滑脂润滑 O 形环。

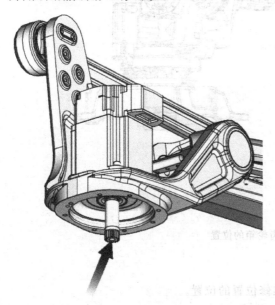

图 3-128 检查小齿轮

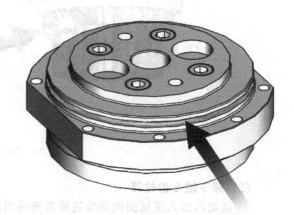

图 3-129 将 O 形环安装到齿轮箱

③ 手动释放轴 6 电机的制动闸。

④ 检查轴 6 电机的小齿轮是否未受损，如图 3-128 所示。

⑤ 将轴 6 齿轮箱小心地插入倾斜机壳，如图 3-130 所示。确保齿轮箱的齿轮与轴 6 电机的小齿轮啮合。在此过程中，切勿损坏小齿轮或齿轮。

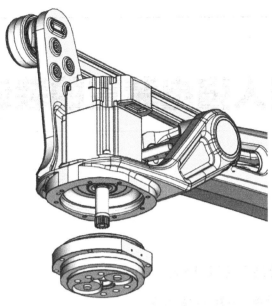

图 3-130　将轴 6 齿轮箱小心地插入倾斜机壳

⑥ 使用齿轮箱的连接螺钉和垫圈固定齿轮箱，如图 3-127 所示。

⑦ 重新安装转动盘。

⑧ 测试泄漏。

⑨ 向齿轮箱重新注入润滑油。

⑩ 重新安装校准板，如图 3-126 所示。

⑪ 重新校准机器人。

第 4 章
工业机器人强电装置的装调与维修

4.1　更换电缆

4.1.1　更换下端电缆线束（轴 1～轴 3）

(1) 下端电缆线束（轴 1～轴 3）的位置

下端电缆线束（轴 1～轴 3）贯穿了底座、机架和下臂，如图 4-1 与图 4-2 所示。

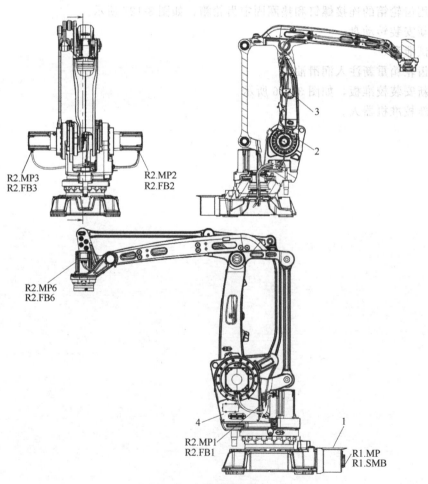

图 4-1　电缆线束的位置

1—顶盖板；2—电缆导向装置，轴 2；3—金属夹具；4—SMB 盖；R2. MP6、R2. FB6—通往轴 6 电机的连接器

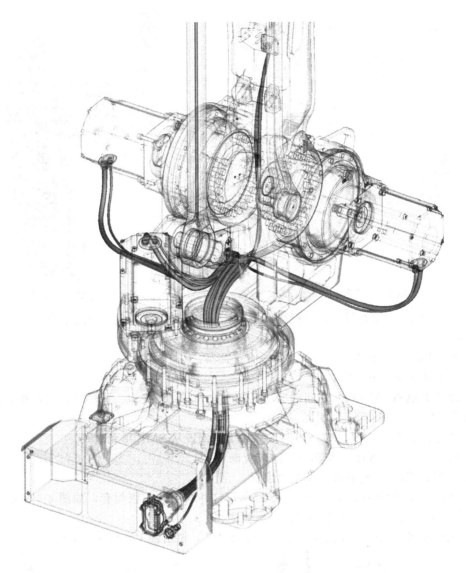

图 4-2　下端电缆线束（轴 1～轴 3）的位置

（2）拆卸下端电缆线束（轴 1～轴 3）

① 将机器人调至其校准姿态。完成此步骤的目的是帮助更新转数计数器。

② 关闭机器人的所有电力、液压和气压供给。

③ 拧松顶盖板的螺钉并取出盖板，如图 4-3 所示。

④ 断开接地片，如图 4-4 所示。

⑤ 断开连接器 R1. MP 和 R1. SMB。

⑥ 拧松下臂内部的轴 2 电缆导向装置的螺钉并松开电缆导向装置，如图 4-5 所示。

⑦ 拧松下臂上固定电缆线束的金属夹具中的螺母。

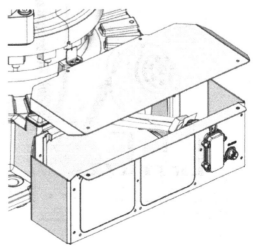

图 4-3　顶盖板

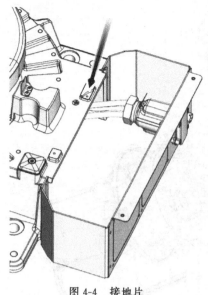

图 4-4 接地片

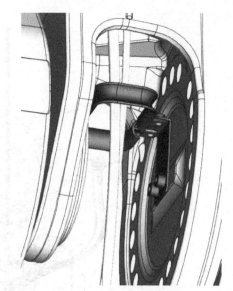

图 4-5 电缆导向装置

⑧ 拧松轴 1、轴 2 和轴 3 的电机盖的螺钉，并取出电机盖。完成此步骤的目的在于接触电机连接器。

⑨ 断开轴 1、轴 2 和轴 3 电机处的所有连接器。

⑩ 小心谨慎地打开 SMB 盖。

⑪ 断开电池和 SMB 单元之间的电池电缆上的 R1.G 连接器。这样可以在重新安装后使转数计数器进行必要更新。

⑫ 将连接器 R2.SMB、R1.SMB1～3、R1.SMB6 从 SMB 单元断开。

⑬ 将 X8、X9 和 X10 从制动闸释放装置断开。

⑭ 卸下 SMB 盖并将其放在安全的位置。

⑮ 拧松 SMB 凹槽中的 SMB 电缆密封套螺钉并取出电缆密封套，如图 4-6 所示。取出时需要多加小心，勿使 SMB 凹槽中的任何组件受损。

⑯ 轻轻地将电缆线束从底座处通过电缆密封套，拉出轴 1 和机架，如图 4-7 所示。

图 4-6 取出电缆密封套

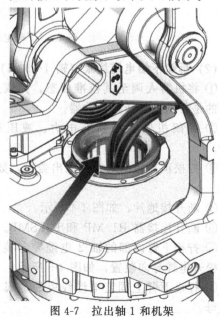

图 4-7 拉出轴 1 和机架

⑰ 卸下上臂中的电缆线束。

（3）安装下端电缆线束（轴 1～轴 3）

① 将电缆线束和连接头通过机架中心的轴 1 电缆导向套向下压，如图 4-8 所示。确保电缆不相互缠绕，也不与可能存在的客户线束缠绕。

② 通过机架拉出 SMB 单元电缆和连接器，并用其连接螺钉将电缆密封套重新安装到 SMB 凹槽中，如图 4-9 所示。重新安装时需要多加小心，勿使 SMB 凹槽中的任何组件受损。

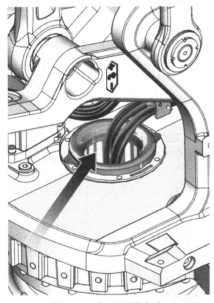

图 4-8　向下压导向套

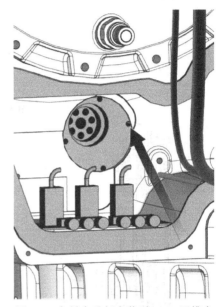

图 4-9　密封套重新安装到 SMB 凹槽中

③ 重新连接机器人底座处的连接器 R1. MP 和 R1. SMB。

④ 重新连接接地片，如图 4-4 所示。

⑤ 用其连接螺钉将顶盖板重新安装到机器人底座上，如图 4-3 所示。

⑥ 重新连接轴 1、轴 2 和轴 3 电机处的所有连接器。

⑦ 重新连接 SMB 单元的连接器 R2. SMB、R1. SMB1～3、R1. SMB6。重新将 X8、X9 和 X10 连接到制动闸释放装置。重新连接 R1. G。

⑧ 用其连接螺钉固定 SMB 盖。

⑨ 将电缆线束向上推通过上臂。

⑩ 拧紧上臂处固定电缆线束的金属夹具的螺母。

⑪ 重新安装电缆导向装置、轴 2。如图 4-5 所示。

⑫ 接下来是重新安装上臂中的电缆线束。

⑬ 更新转数计数器。

4.1.2　更换上端电缆线束（包括轴 6）

（1）上端电缆线束的位置

上端电缆线束的位置如图 4-10 与图 4-11 所示。

（2）拆卸上端电缆线束（轴 6）

① 将机器人调至其校准姿态。完成此步骤的目的是帮助更新转数计数器。

② 关闭机器人的所有电力、液压和气压供给。

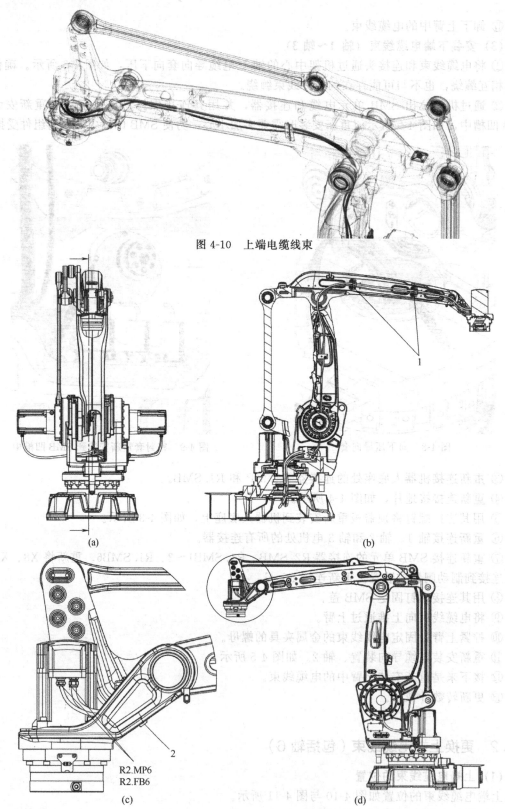

图 4-10　上端电缆线束

图 4-11　上端电缆线束的位置

1—带螺母的金属夹具（上臂）；2—金属夹具（倾斜机壳）；

R2. MP6、R2. FB6—通往轴 6 电机的连接器

③ 如果正在更换所有的电缆线束，请从拆卸下端电缆线束开始。

④ 拆下通往轴 6 电机的电机电缆。

⑤ 拧松将电缆固定在倾斜机壳上的金属夹具的螺母，以松开夹具，如图 4-12 所示。

⑥ 拧松将电缆线束固定在上臂内的金属夹具的螺母。螺母位于上臂的外侧［(2＋2) 个］，如图 4-13 所示。

(3) 安装上臂电缆线束

① 如已拆卸了下端电缆线束，请先安装下端电缆线束。

② 将电缆线束推过上臂管。

③通过使用上臂外侧的螺母［(2＋2) 个］固定电缆线束，重新安装上臂内部的电缆线束，如图 4-13 所示。

④ 用其螺母将金属夹具重新安装到倾斜机壳上，如图 4-12 所示。

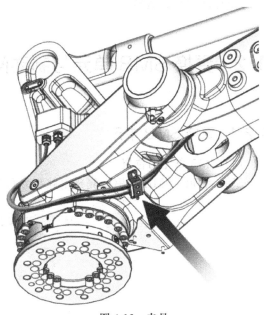

图 4-12 夹具

⑤ 重新连接并重新安装轴 6 电机的电机线缆。切勿让电缆相互缠绕！

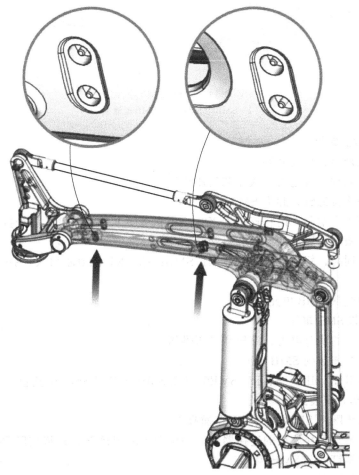

图 4-13 电缆线束夹具

⑥ 更新转数计数器。

4.2 更换 SMB 单元与制动闸释放装置

4.2.1 更换 SMB 单元

(1) SMB 单元的位置

SMB 单元（SMB= 串行测量电路板）位于机架的左侧，如图 4-14 所示的位置。

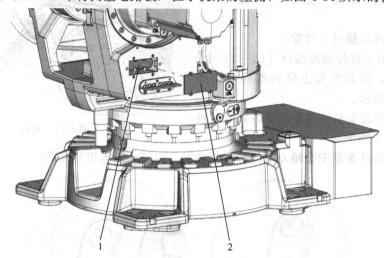

图 4-14 SMB 电池的位置

1—SMB 电池组；2—SMB 电池盖

(2) 卸下 SMB 单元

① 将机器人调至其校准姿态。

② 关闭机器人的所有电力、液压和气压供给。

③ 通过拧松连接螺钉，卸下 SMB 盖。

④ 如果需要更多空间，请将连接器 X8、X9 和 X10 从制动闸释放板处拆下。

⑤ 卸下固定板的插脚处的螺母和垫圈。

⑥ 拉出板的同时，轻轻地将连接器 R1. SMB1~3、R1. SMB6 和 R2. SMB 从 SMB 单元处断开。

⑦ 将电池电缆从 SMB 单元处断开。

(3) 重新安装 SMB 单元

① 关闭机器人的所有电力、液压和气压供给。

② 将电池电缆连接到 SMB 单元。

③ 将连接器 R1. SMB1~3、R1. SMB6、R2. SMB 连接到 SMB 电路板。

④ 将 SMB 单元安装到插脚上。

⑤ 用螺母和垫圈将 SMB 单元固定在插脚上。

⑥ 如果通往制动闸释放板的连接器 X8、X9 和 X10 已断开，请将它们重新连接上。

⑦ 用其连接螺钉固定 SMB 盖。

⑧ 更新转数计数器。

4.2.2　更换制动闸释放装置

（1）制动闸释放装置的位置

制动闸释放装置与 SMB 单元同样位于机架的左侧，轴 2 齿轮箱右侧，如图 4-15 所示。

（2）卸下制动闸释放装置

① 关闭机器人的所有电力、液压和气压供给。

② 将按钮保护装置从 SMB 盖处卸下。

③ 将电池保持在连接位置，以避免机器人的同步需求。

④ 断开通往制动闸释放装置的连接器 X8、X9 和 X10，如图 4-16 所示。

⑤ 通过卸下四个连接螺钉，将制动闸释放装置从支架上卸下。

（3）安装制动闸释放装置

① 关闭机器人的所有电力、液压和气压供给。

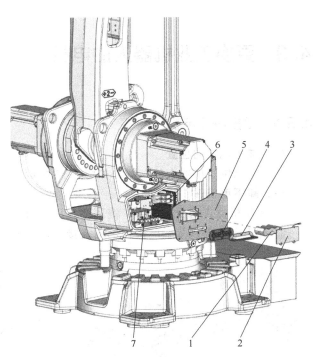

图 4-15　制动闸释放装置的位置

1—电池组；2—盖子；3—BU 按钮保护装置；4—按钮保护装置；5—SMB 盖；6—SMB 单元；7—制动闸释放装置

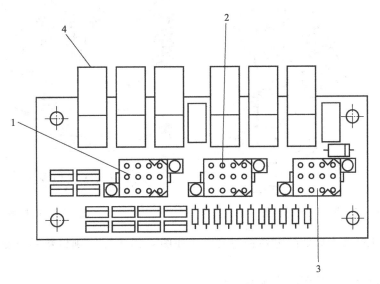

图 4-16　连接器

1—连接器 X8；2—连接器 X9；3—连接器 X10；4—按钮

② 通过拧紧连接螺钉，将制动闸释放装置固定在支架上。确保该装置尽可能地与支架保持平齐。否则安装 SMB 盖时，按钮可能会被卡住。

③ 将连接器 X8、X9 和 X10 连接到制动闸释放装置，如图 4-16 所示。

④ 重新将按钮保护装置和 BU 按钮保护板安装到 SMB 盖上。

⑤ 如果电池已经断开，则必须更新转数计数器。

4.3 更换工业机器人的电机

4.3.1 更换轴1电机

(1) 轴1电机的位置

轴1电机位于机器人的左侧，如图4-17所示。

(2) 卸下电机轴1

① 关闭机器人的所有电力、液压和气压供给。

② 卸下电机盖以接触电机顶部的连接器，如图4-18所示。

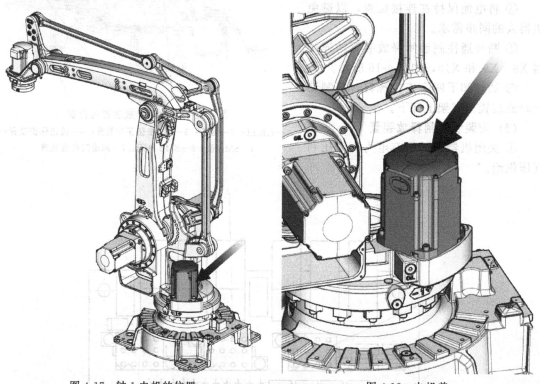

图 4-17 轴 1 电机的位置 　　　　　　　　　　图 4-18 电机盖

③ 卸下电机电缆出口处的电缆密封套盖，如图4-19所示。确保垫圈未受损。如有损坏，将其更换。

④ 断开电机盖下方的所有连接器。

⑤ 为释放制动闸，连接24V DC电源。连接至连接器R2.MP1（＋：插脚2；－：插脚5）。

⑥ 卸下电机的连接螺钉和垫圈。使用长头螺丝刀，如图4-20所示。

⑦ 如有需要，通过将两个螺钉安装在电机上用于顶出电机的螺孔中，将电机顶出，如图4-21所示。务必成对地使用拆卸螺钉和工具！M12×100是全螺纹。

⑧ 小心地将电机直接向上吊起，卸下电机，将小齿轮从齿轮处移开，如图4-22所示。注意：不要损坏小齿轮。

⑨ 断开制动闸释放电压。

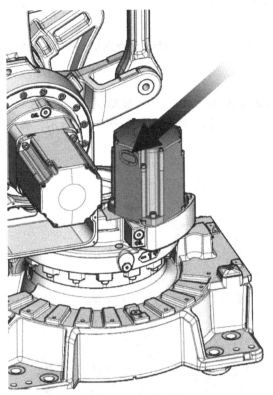

图 4-19　电缆密封套盖

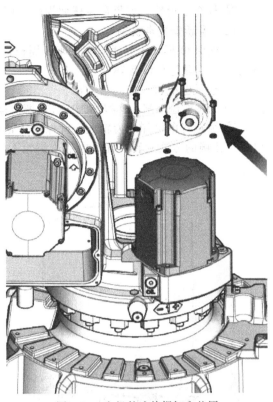

图 4-20　电机的连接螺钉和垫圈

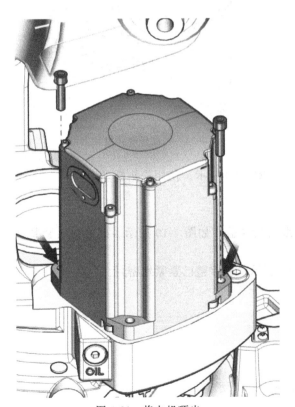

图 4-21　将电机顶出

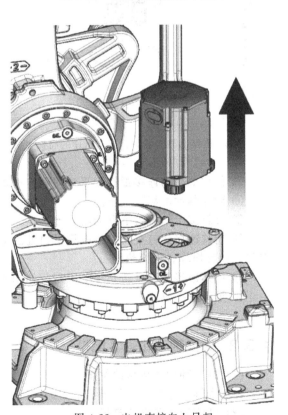

图 4-22　电机直接向上吊起

⑩ 检查小齿轮。如果存在任何损伤，则必须更换小齿轮。

(3) 重新安装电机轴 1

① 确保 O 形环正好适应电机座的周长，如图 4-23 所示。用少量润滑脂润滑 O 形环。更换电机时，必须更换 O 形环。

② 起吊电机！

③ 为释放制动闸，连接 24V DC 电源。连接至连接器 R2. MP1（＋：插脚 2；－：插脚 5）。

④ 轻轻将电机降到齿轮上，确保小齿轮与轴 1 的齿轮箱正确啮合，如图 4-24 所示。确保电机以正确的方式旋转，确保电机小齿轮不会受损。

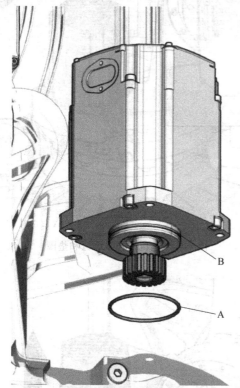

图 4-23　确保 O 形环正好适应电机座的周长
A—O 形环；B—电机周长

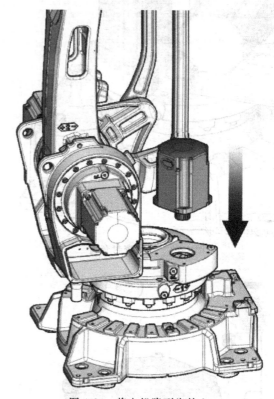

图 4-24　将电机降到齿轮上

⑤ 使用电机的连接螺钉和平垫圈固定电机，如图 4-20 所示。使用长头螺丝刀。

⑥ 断开制动闸释放电压。

⑦ 重新接上电机盖下方的所有连接器。

⑧ 用其连接螺钉重新安装电缆出口处的电缆密封套盖，如图 4-19 所示。确保盖已紧紧地密封。如有损坏，更换垫圈。

⑨ 用其连接螺钉重新安装电机盖，如图 4-18 所示。确保盖已紧紧地密封。

⑩ 重新校准机器人。

4.3.2　更换轴 2 和轴 3 电机

(1) 轴 2 和轴 3 电机的位置

轴 2 和轴 3 电机分别位于机器人的两侧，如图 4-25 所示。

(2) 卸下轴 2 和轴 3 电机

卸下轴 2 和轴 3 电机的操作一样。

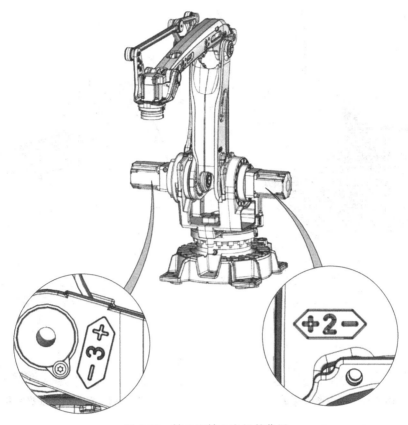

图 4-25　轴 2 和轴 3 电机的位置

① 将机器人的姿势调整到非常接近其校准位置，以使螺钉能够插入锁紧螺钉的螺孔，如图 3-94 所示。

② 通过将锁紧螺钉插入机架的螺孔，锁定下臂。避免轴 2 在拆卸轴 2 齿轮箱时掉落。

③ 将轴 3 微动至终端位置。

④ 释放轴 3 的制动闸，使其静止。

⑤ 关闭机器人的所有电力、液压和气压供给。

⑥ 排出齿轮箱的润滑油。

⑦ 卸下电机盖，如图 4-26 所示。

⑧ 卸下电缆出口处的电缆密封套盖，如图 4-27 所示。确保垫圈未受损。如有损坏。将其更换。

⑨ 断开电机盖下方的所有连接器。

⑩ 为释放制动闸，连接 24V DC 电源。连接至连接器 R2. MP2（＋：插脚 2；－：插脚5）。

⑪ 拧松电机的连接螺钉和垫圈，如图4-28所示。使用长头螺丝刀。

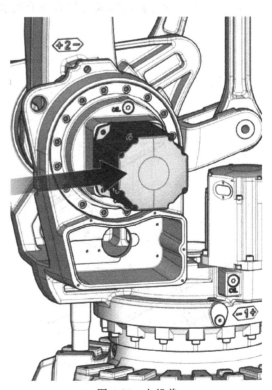

图 4-26　电机盖

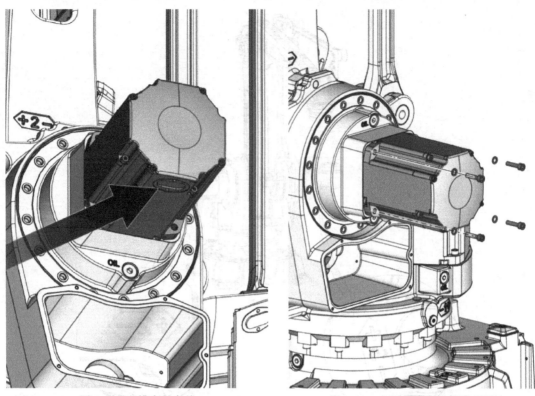

图 4-27　电缆密封套盖　　　　　　　图 4-28　电机的连接螺钉和垫圈

⑫ 在电机的两个连接孔中装上两个导销，如图 4-29 所示。

⑬ 如需要，通过在电机成对角的两个剩余连接孔中安装两颗 M12 全螺纹螺钉，将电机顶出，如图 4-30 所示。

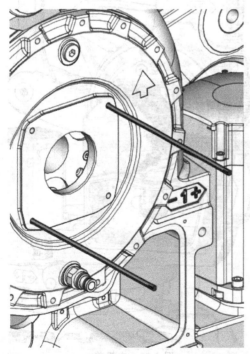

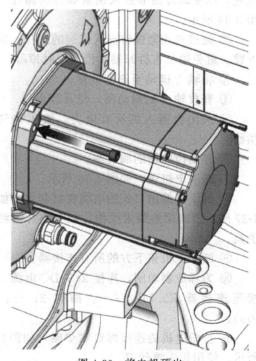

图 4-29　在电机的两个连接孔中装上两个导销　　　　　　图 4-30　将电机顶出

⑭ 卸下这两个螺钉并为电机装上轴 2、轴 3 电机起吊工具。

⑮ 拉出导销上的电机以使小齿轮离开齿轮，如图 4-31 所示。确保小齿轮不会受损。

⑯ 通过轻轻举起电机将其卸下，然后将其放置在固定的表面上。

⑰ 断开制动闸释放电压。

⑱ 检查小齿轮。如果存在任何损伤，则必须更换电机小齿轮。

（3）重新安装轴 2 和轴 3 电机

两个电机的安装步骤一样。

① 确保 O 形环正好适应电机座的周长。用少量润滑脂润滑 O 形环，如图 4-32 所示。

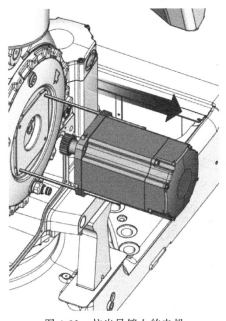

图 4-31　拉出导销上的电机

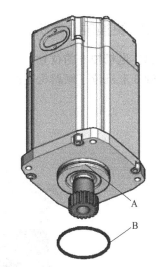

图 4-32　O 形环正好适应电机座的周长
A—周长；B—O 形环

② 为释放制动闸，连接 24V DC 电源。连接至连接器 R2. MP1（＋：插脚 2；－：插脚 5）。

③ 为电机装上轴 2、轴 3 电机起吊工具。

④ 在电机连接孔中安装两根导销，如图 4-29 所示。

⑤ 吊起电机并引导其移至导销上，如图 4-33 所示。尽可能接近正确的位置，但不把电机小齿轮推入齿轮中。确保电机旋转的方式正确，即电缆的接头朝下。

⑥ 卸下吊运工具并使电机静止在导销上。

⑦ 为了在将电机小齿轮与齿轮啮合时使小齿轮旋转，应使用旋转工具（如图 3-97 所示）。安装电机，确保电机小齿轮与轴 2、轴 3 的齿轮箱齿轮正确啮合，且不会受损。在电机盖下方、电机轴上直接使用旋转工具。

⑧ 卸下导销。

⑨ 使用电机的四个连接螺钉和平垫圈固定电机，

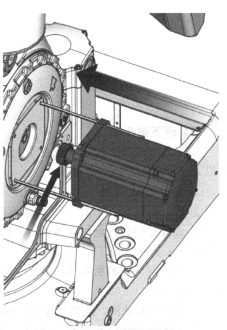

图 4-33　引导电机移至导销上

如图 4-28 所示。使用长头螺丝刀。

⑩ 断开制动闸释放电压。

⑪ 重新接上电机盖下方的所有连接器。根据连接器上的标记进行连接。

⑫ 用其两个连接螺钉重新安装电缆出口处的电缆密封套盖，如图 4-27 所示。注意：应使用新垫圈！

⑬ 用其连接螺钉和垫圈重新安装电机盖，如图 4-26 所示。确保盖已紧紧地密封。

⑭ 卸下锁紧螺钉螺孔中的锁紧螺钉，如图 3-94 所示。

⑮ 测试轴 2（或轴 3）齿轮箱的泄漏。

⑯ 向齿轮箱重新注入润滑油。

⑰ 重新校准机器人。

4.3.3 更换轴 6 电机

(1) 电机轴 6 的位置

轴 6 电机位于倾斜机壳的中心，如图 4-34 所示。

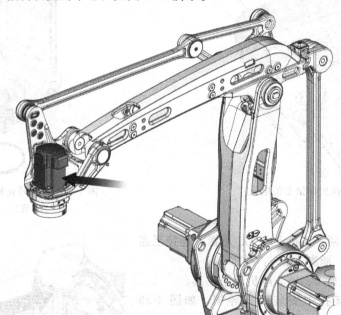

图 4-34　更换轴 6 电机

(2) 卸下轴 6 电机

① 当轴 6 电机立于机器人前方时，将机器人调整到最容易将轴 6 电机卸下的姿势。轴 6 电机无需排出齿轮油即可更换。

② 关闭机器人的所有电力、液压和气压供给。

③ 卸下电机盖，如图 4-35 所示。

④ 通过拧松其内侧的连接螺钉，卸下电缆出口处的电缆密封套盖，如图 2-15 所示。注意确保垫圈未受损。

⑤ 断开盖下方的所有连接器，如图 2-13 所示。如果机器人配备了 UL 灯，也必须断开通往该灯的连接。

⑥ 为释放制动闸，连接 24V DC 电源。连接至连接器 R2. MP6（＋；插脚 2；－；插脚 5）。

⑦ 卸下连接螺钉和垫圈，如图 4-36 所示。使用长头螺丝刀。

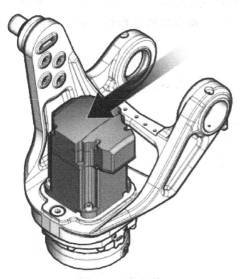

图 4-35　电机盖

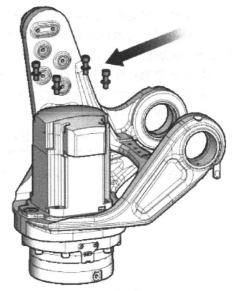

图 4-36　连接螺钉和垫圈

⑧ 如需要，通过在电机呈对角的两个连接螺孔中装上两个螺钉，将电机顶出。务必成对地使用拆卸螺钉。

⑨ 小心地吊升电机，使小齿轮离开齿轮，如图 4-37 所示。注意确保小齿轮不会受损。

⑩ 断开制动闸释放电压。

⑪ 通过轻轻举起电机将其卸下，然后将其放置在固定的表面上。

（3）重新安装轴 6 电机

① 确保 O 形环正好适应电机座的周长，如图 4-38 所示。用少量润滑脂润滑 O 形环。注意更换电机时，必须更换 O 形环。

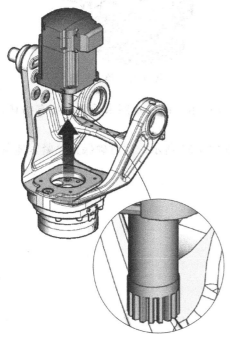

图 4-37　吊升电机

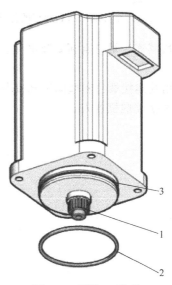

图 4-38　更换 O 形环
1—小齿轮；2—O 形环；3—周长

② 为释放制动闸，连接 24V DC 电源。连接至连接器 R2.MP6（＋：插脚 2；－：插脚 5）。

③ 将电机小心地吊起到适当的位置，如图 4-39 所示。确保电机小齿轮与轴 6 的齿轮箱正确啮合。确保电机以正确的方式旋转。

④ 向连接螺钉注入锁紧液体（Loctite243）。

⑤ 使用电机的四个连接螺钉和垫圈固定电机，如图 4-36 所示。

⑥ 断开制动闸释放电压。

⑦ 重新连接轴 6 电机的所有连接器。根据连接器上的标记进行连接。

⑧ 如果机器人配备了 UL 灯，重新安装到 UL 灯的连接，如图 2-13 所示。

⑨ 检查垫圈，如图 4-40 所示。如已损坏，请进行更换。

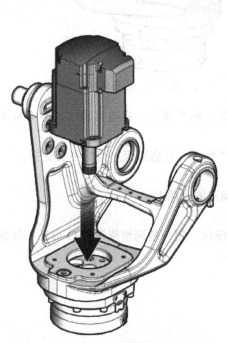

图 4-39　将电机小心地吊起到适当的位置

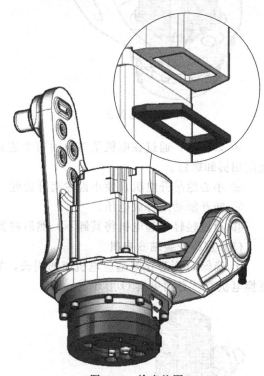

图 4-40　检查垫圈

⑩ 用其连接螺钉重新安装电缆密封套，如图 2-15 所示。确保垫圈未受损！如有损坏，将其更换。

⑪ 用其连接螺钉和垫圈重新安装轴 6 电机盖，如图 4-35 所示。注意确保盖已紧紧地密封。

⑫ 重新校准机器人。

第5章
工业机器人弱电装置的装调与维修

工业机器人的控制器虽然很多，但其装调与维修却是大同小异的。本章以 ABB 工业机器人的 IRC5 Compact 控制器为例来介绍之。

5.1 IRC5 Compact controller 的组成与维护

5.1.1 IRC5 Compact controller 的组成

IRC5 Compact controller 由控制器系统部件（如图 5-1 所示）、I/O 系统部件（如图 5-2 所示）、主计算机 DSQC 639 部件（如图 5-3 所示）及其他部件组成（如图 5-4 所示）。

5.1.2 IRC5 Compact controller 的维护

（1）维护计划

必须对 IRC5 Compact 机器人控制器进行定期维护才能确保其功能。维护活动及其相应的间隔如表 5-1 规定。

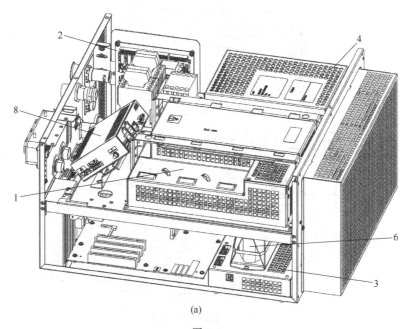

(a)

图 5-1

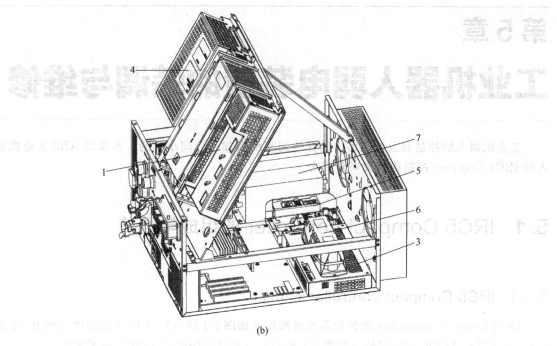

(b)

图 5-1 控制器系统部件

1—主驱动装置，MDU-430C（DSQC 431）；2—安全台（DSQC 400）；3—轴计算机（DSQC 668）；

4—系统电源（DSQC 661）；5—配电板（DSQC 662）；6—备用能源组（DSQC 665）；

7—线性过滤器；8—远程服务箱（DSQC 680）

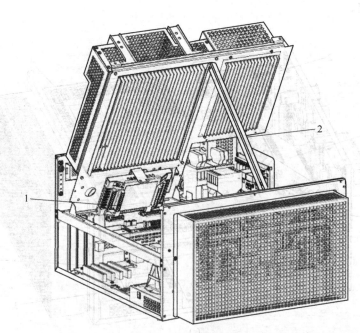

图 5-2 I/O 系统部件

1—数字 24V I/O（DSQC 652）；2—支架

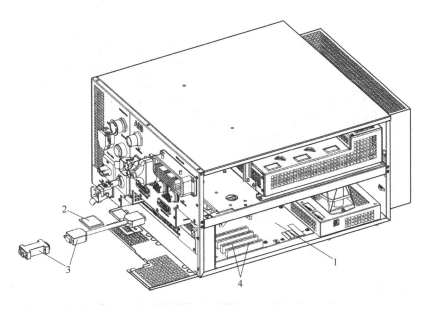

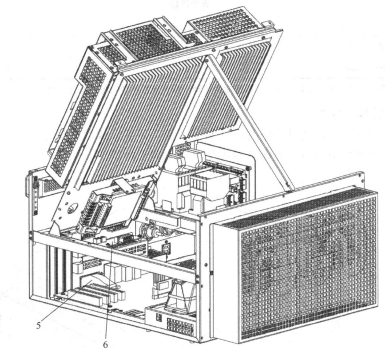

图 5-3　主计算机 DSQC 639 部件

1—主计算机［DSQC 639，该备件是主计算机装置。从主计算机装置卸除主机板

（其外壳不可与 IRC5Compact 搭配使用）］；

2—Compact 1GB 闪存（DSQC656 1GB）；3—RS-232/422 转换器（DSQC 615）；

4—单 DeviceNet M/S（DSQC 658）；4—双 DeviceNet M/S（DSQC 659）；4—Profibus-DP 适配器（DSQC 687）；

5—Profibus 现场总线适配器（DSQC 667）；5—EtherNet/IP 从站（DSQC 669）；

5—Profinet 现场总线适配器（DSQC 688）；

6—DeviceNet Lean 板（DSQC 572）

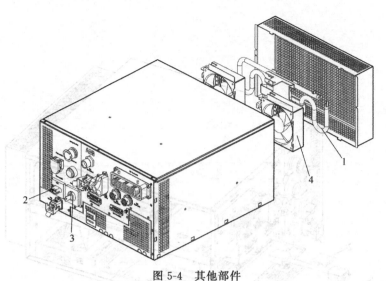

图 5-4　其他部件

1—制动电阻泄流器；2—操作开关；3—凸轮开关；4—带插座的风扇

表 5-1　**维护计划**

设备	维护活动	间隔
完整的控制器	检查	12 个月[①]
系统风扇	检查	6 个月[①]
FlexPendant	清洁	随时

[①] 时间间隔取决于设备的工作环境；较为清洁的环境可能会增长维护间隔，反之亦然。

（2）控制器的检查

① 检查连接器和布线以确保其得以安全固定，并且布线没有损坏。

② 检查系统风扇和机柜表面的通风孔以确保其干净清洁，如图 5-5 所示。

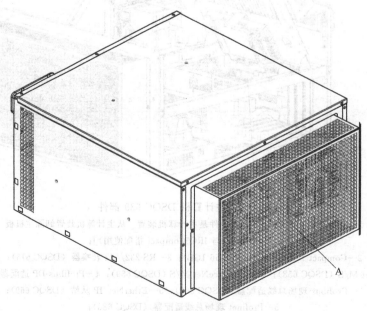

图 5-5　检查通风孔

A—通风孔

③ 清洁后：暂时打开控制器的电源。检查风扇以确保其正常工作。关闭电源。

(3) 清洁活动

① 注意

a. 使用 ESD 保护。

b. 应使用真空吸尘器，其他清洁设备都可能会减少所涂油漆、防锈剂、标记或标签的使用寿命。

c. 清洁前，请先检查是否所有保护盖都已安装到控制器。

d. 清洁控制器外部时，不能卸除任何盖子或其他保护装置。

e. 不可使用压缩空气或使用高压清洁器进行喷洒。

② 清洁 FlexPendant　要清洁的表面如图 5-6 所示。

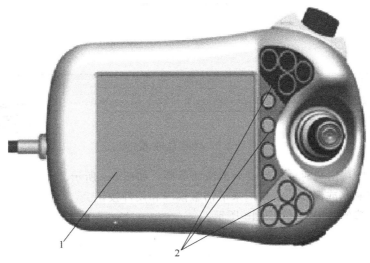

图 5-6　要清洁的表面

1—触摸屏；2—硬按钮

③ 清洁步骤

a. 清洁屏幕之前，先轻敲 ABB 菜单上的 Lock Screen，如图 5-7 所示。

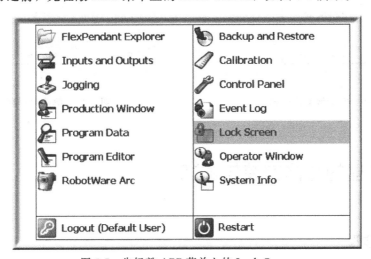

图 5-7　先轻敲 ABB 菜单上的 Lock Screen

b. 轻敲以下窗口中的 Lock 按钮，如图 5-8 所示。

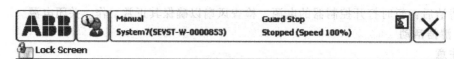

In order to clean the touch screen you need to lock the screen.

Tap Lock to lock the screen.

Lock

图 5-8　轻敲 Lock 按钮

c. 当下一个窗口出现时，可以安全地清洁屏幕，如图 5-9 所示。

d. 使用软布和水或温和的清洁剂来清洁触摸屏和硬件按钮。

e. 解除对屏幕的锁定，如图 5-10 所示。

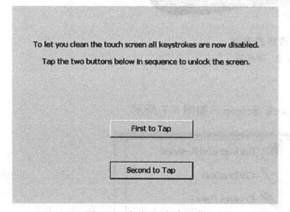

图 5-9　安全地清洁屏幕

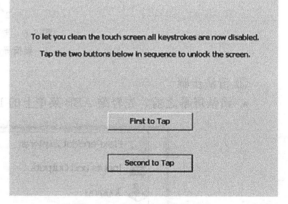

图 5-10　解除对屏幕的锁定

5.2　控制器的整体安装与调试

5.2.1　安装步骤

IRC5 Compact controller 的所有组件都在一个小机柜中。

① 取出交付的 IRC5 Compact controller。

② 安装 IRC5 Compact controller。

③ 将操纵器连接到 IRC5 Compact controller。

④ 将电源连接到 IRC5 Compact controller 。

⑤ 将 FlexPendant 连接到 IRC5 Compact controller。

⑥ 其他连接。

⑦ 如果已使用，则安装附件。

5.2.2　现场安装

(1) 所需的安装空间，IRC5 Controller 尺寸

图 5-11 显示了 IRC5 Compact controller 所需的安装空间。在垂直安装时如果控制器以右侧朝上的方式安装，则可直接将控制器放置在工作台上。还需在控制器顶部留出 50mm 的空间，便于适当散热。如果控制器以左侧朝上的方式安装，则必须用支撑构件将控制器抬升50mm，以保持通风孔与空气相通。

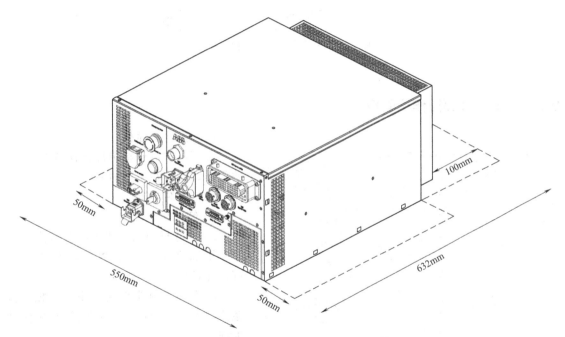

图 5-11　IRC5 Compact controller 所需的安装空间

说明：

① 如果是机架安装型控制器，则不需要空间。

② 如果控制器安装在桌面上（非机架安装型），则其左右两边各需要 50mm 的自由空间。

③ 控制器的背部需要 100mm 的自由空间来确保适当的冷却。切勿将其他电缆放置在控制器背部的风扇盖上，这将使检查难以进行并导致冷却不充分。

(2) 安装 FlexPendant 支架

安装 FlexPendant 支架的步骤如下。

① 去除带子上的保护性衬垫，如图 5-12 所示。

② 紧靠控制机柜顶部安装带 FlexPendant 支架的安装板。表面必须清洁干燥。

注意：对于机架安装型 IRC5 Compact，请勿将 FlexPendant 支架放置在机架顶部。找到FlexPendant 放置位置的解决方案，使其无法从高处跌落到地面。

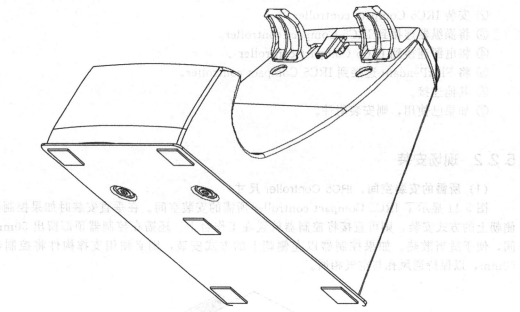

图 5-12　去除带子上的保护性衬垫

5.2.3　安装外部操作员面板

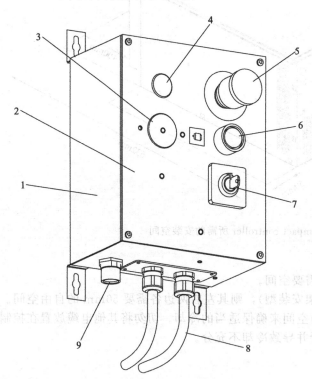

图 5-13　外部操作员面板

1—墙柜；2—前面板；3—FlexPendant 的堵塞器；
4—启动器呈红色时的堵塞器；5—紧急停止按钮；
6—电机"开"按钮；7—模式开关；8—外部操作员
面板线束；9—FlexPendant 连接器

（1）操作员面板

外部操作员面板可以像图 5-13 所示的那样，安装在单独的墙柜中。

（2）安装步骤

① 卸除机柜顶盖。

② 卸除机柜的左侧盖和右侧盖。

③ 卸下安全台装置的两个止动螺钉，并轻轻将其拉出少许。

④ 卸除接触器装置（附加了板的接触器）止动螺钉，并将装置向左移动少许。

⑤ 将信号电缆与 DSQC 400 断开。连接器：A21. X6；A21. X9。

⑥ 使紧急停止按钮、电机"开"按钮和模式开关均与它们在控制器上的电缆分离。将这些按钮和开关安装在外部操作员面板上，并将电缆捆扎在前面板后面现有的电缆扎带上。

⑦ 将外部操作员面板线束上的圆形连接器与控制器上的 XS4 连在一起。

⑧ 将外部操作员面板线束上的电缆通过用于紧急停止按钮的孔安装在控制器上并盖紧电缆密封套。

⑨ 用堵塞器盖住控制器上用于电机"开"按钮和模式开关的孔。

⑩ 将地线连接到机柜内的接地端子上。

⑪ 将信号连接器 Ext. A21. X6 和 Ext. A21. X9 连接到 DSQC 400 安全台的 X6 和 X9 上。

⑫ 捆扎好电缆并固定接触器单元和安全台装置的止动螺钉。

⑬ 用四颗止动螺钉将外部操作员面板线束固定在墙柜上。

⑭ 将连接器与墙柜内的地线连接起来。

⑮ 用四颗止动螺钉将外部操作员面板的前面板安装在墙柜上。

5.2.4　在 IRC5 Compact 外部安装接口装置

在 IRC5 Compact 外部可安装 I/O、Gateways 以及编码器接口装置。

(1) 位置

I/O、Gateways 和编码器接口装置可以安装在 IRC5 Compact controller 外部的安装导轨上。可以在这些安装导轨上安装的位置由图 5-14 表示。

I/O 单元可以通过连接器"XS10 Power supply"的 24V 电源供电，也可以由外部的 24V 电源供电。

(2) 安装步骤

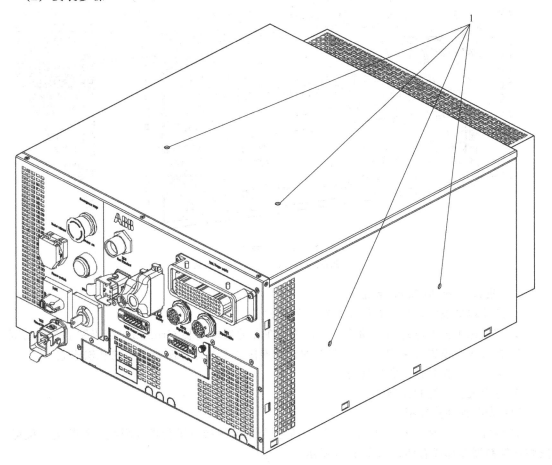

图 5-14　安装位置

1—I/O、Gateways 或编码器装置安装导轨的螺孔

① 用螺孔中的两个止动螺钉将安装导轨安装到控制器机柜外部。

② 通过将 I/O 装置按进安装导轨来安装该 I/O 装置。

③ 将直流电源连接到板。

④ 根据需要将电线连接到输入和输出连接器。

5.2.5 安装天线

图 5-15 为安装天线。

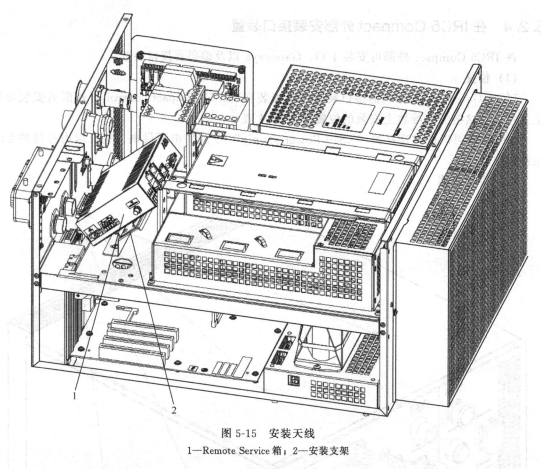

图 5-15 安装天线

1—Remote Service 箱；2—安装支架

(1) 安装 Remote Service 箱

① 卸除翼形螺钉，然后打开机柜前端的保护盖。

② 切断保护盖上电缆的活动盖之一，然后在孔的尖端安装 Grommet 带以防电缆被切割。

③ 将天线电缆连接到 PCI 卡支架上的天线连接器上并通过防护盖上的孔输送它。

④ 关上防护盖并拧紧翼形螺钉。

⑤ 将天线置于控制器顶部。

(2) 安装外部接线板

① 位置 XS7 和 XS9 上的端子可以拓展至外部接线板以进行现场配线。外部接线板可以安装在控制器顶部或右侧，如图 5-16 所示。

② 安装步骤

a. 通过两颗止动螺钉将带所有接线板的安装导轨安装在机柜顶部或右侧，如图 5-17 所示。

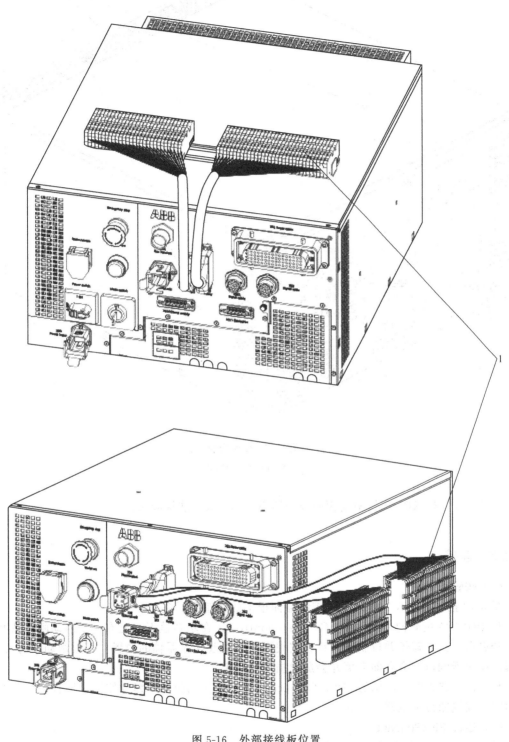

图 5-16　外部接线板位置

1—外部接线板

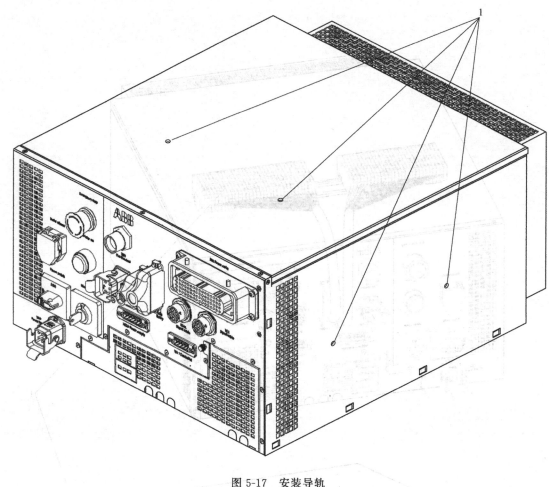

图 5-17 安装导轨
1—拧紧安装导轨的孔

b. 将 XP7 和 XP9 与机柜前面的连接器 XS7 和 XS9 连接起来。

5.2.6 连接

(1) 按钮和开关

图 5-18 描述了 IRC5 Compact 控制器面板上的按钮和开关。

与 IRB 120 配套使用的 IRC5 Compact controller 在塑料盖下方配有一个制动闸释放按钮。电源开启后，打开盖子并按制动闸释放按钮可手动更改操纵器轴的位置。释放制动闸时要小心谨慎。操纵器轴可能会立即下落并会造成损坏或伤害。

与其他机器人配套使用的 IRC5 Compact controller 无制动闸释放按钮，只有一个堵塞器。制动闸释放按钮位于机器人上。

(2) 连接 FlexPendant

FlexPendant 连接器位于控制器的前面板上。如图 5-18 所示。

① 在控制器上找到 FlexPendant 插座连接器。如图 5-18 所示。控制器必须处于手动模式。

② 插入 FlexPendant 电缆连接器。

③ 顺时针旋转连接器的锁环，将其拧紧。

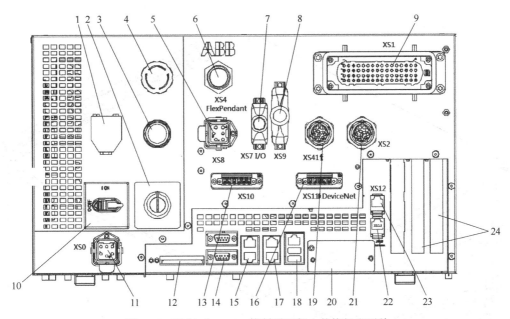

图 5-18　IRC5 Compact 控制器面板上的按钮和开关

1—用于 IRB 120 的制动闸释放按钮（位于盖子下）。由于机器人带有一个制动闸释放按钮，因此与其他
机器人配套使用的 IRC5 Compact 无制动闸释放按钮，只有一个堵塞器；2—模式开关；3—电机开启；
4—紧急停止；5—XS8 附加轴，电源电缆连接器（不能用于此版本）；6—XS4 FlexPendant 连接器；
7—XS7 I/O 连接器 C；8—XS9 安全连接器 D；9—XS1 电源电缆连接器 E；10—主电源开关；
11—XS0 电源输入连接器 F；12—Compact 闪存插槽；13—XS10 电源连接器 G；14—串行通道连
接器（COM1）；15—服务端口；16—XS11 DeviceNet 连接器 H；17—局域网端口（连接到工厂局域网）；
18—USB 端口；19—XS41 信号电缆连接器 I；20—现场总线适配器插槽；21—XS2 信号电缆连接器 J；
22—XS13 轴选择器连接器 K；23—XS12 附加轴，信号电缆连接器（不能用于此版本）；24—PCI 卡插槽

(3) 将 PC 连接到服务端口

① 连接 IRC5 Compact 至工厂 LAN。

② 将 PC 连接至 IRC5 Compact 服务端口。

a. 确保要连接的计算机上的网络设置正确无误。计算机必须设置为"自动获取 IP 地址"
或者按照引导应用程序中 Service PC Information 的说明设置。

b. 使用带 RJ45 连接器的 5 类以太网跨接引导电缆。

c. 将引导电缆连接至计算机的网络端口。

d. 卸除翼形螺钉，然后打开控制器前面板上的端盖，如图 5-19 所示。

e. 将引导电缆连接至控制器上的服务端口，如图 5-18 所示。

(4) 连接到串行通道

控制器具有一个可永久使用的串行通道 RS232，可用于与打印机、终端、计算机或其他设
备进行点对点的通信。

为进行生产而永久连接串行端口需要切断保护盖上的活动盖，并在关闭保护盖的情况下通
过小孔连接 RS232 连接器。

RS422 可实现更可靠的较长距离（从 RS232＝15m 到 RS422＝120m）的点到点通信（差
分）。将适配器连接到串行通道连接器。串行通道连接器和适配器之间需要一条电缆，如图5-3
中的部件 3 所示。

(5) 连接电源

图 5-18 显示了控制器前面板上电源输入连接器的位置。将电源电缆从电源连接到控制器

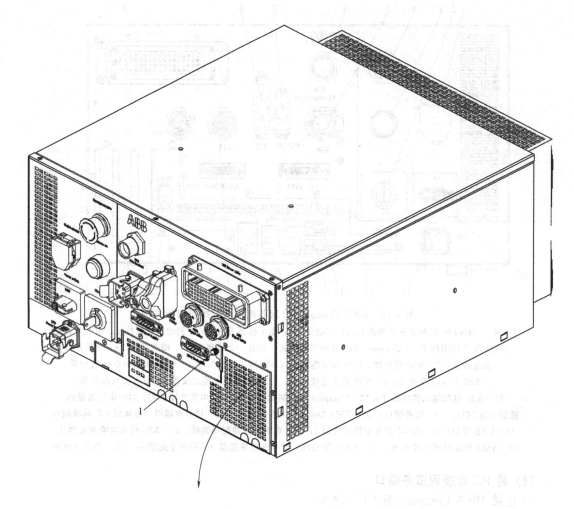

图 5-19　卸除翼形螺钉
1—翼形螺钉

前面板上的连接器 XS0。选择合适的单相电缆加接地电缆，并将其切割到所需的长度；通过电缆密封套和机罩安装电缆，如图 5-20 所示；按照图 5-21 连接电线，使用螺丝刀将触点拧紧；通过安装机罩和内孔连接器来装配连接器，并拧紧螺钉。

(6) 将操纵器连接到 IRC5 Compact controller

使用此步骤将电源电缆从 IRC5 Compact controller 连接到操纵器。

① 将电源电缆和信号电缆连接到操纵器。

② 将电源电缆连接到 IRC5 Compact controller 上的连接器 XS1。

③ 将信号电缆连接到 IRC5 Compact controller 上的连接器 XS2。

(7) "电机开/关"电路的连接

① 外形图　"电机打开"/"电机关闭"电路由两个相同的开关链组成。图 5-22 显示了可用的客户连接，即 AS、GS、SS 和 ES。

该电路监控所有安全相关的设备和开关。如果打开了其中的任何开关，则"电机打开"/"电机关闭"电路会将电源切换到"电机关闭"。

只要两个链不在同一种状态下，则机器人仍将处于"电机关闭"模式。

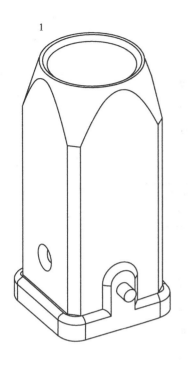
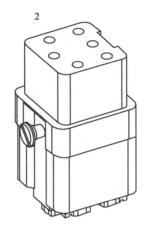
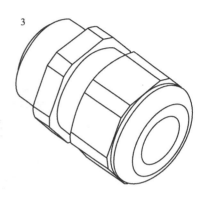

图 5-20　通过电缆密封套和机罩安装电缆

1—机罩；2—内孔插接件；3—电缆密封套

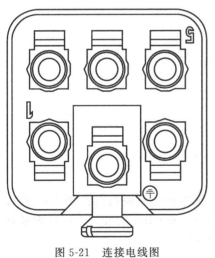

图 5-21　连接电线图

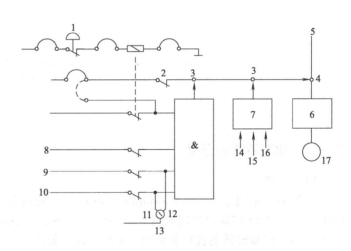

图 5-22　"电机开/关"电路

1—ES（紧急停止）；2—LS（限制开关）；3—固态开关；4—接触器；
5—主电源；6—驱动装置；7—第二个链互锁；8—GS（常规模式安全保
护空间停止）；9—AS（自动模式安全保护空间停止）；10—ED（TPU
使动装置）；11—手动模式；12—自动模式；13—操作模式选择器；
14—运行；15—EN1；16—EN2；17—电机

② ES1/ES2 在面板装置上的连接　图 5-23 显示了紧急电路的端子。此时会显示内部 24V（X1：2/X2：6）和 0V（X1：6/X2：2）供电的电源。对于外部电源，应将 X1：1/X2：5 连接到外部 24V 的电平，而 X1：5/X2：1 应连接到外部 0V 的电平。

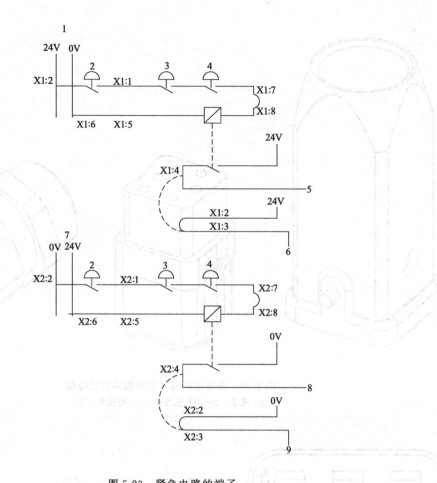

图 5-23　紧急电路的端子

1—内部；2—外部停止；3—FlexPendant；4—机柜；6—ES1 内部；
6—运行链 1 顶部；7—内部；8—ES2 内部；9—运行链 2 顶部

5.2.7　I/O 装置的定义

(1) 位置

一个 I/O 装置位于 IRC5 Compact controller 的内部。仅可在控制器内部使用 I/O 装置 DSQC 652。I/O 装置的位置如图 5-2 所示。在 IRC5 Compact controller 的外部，可以为装置（I/O、网关或编码器装置）安装两个安装导轨，如图 5-17 所示。

(2) I/O 装置

DSQC 651：AD Combi I/O。

DSQC 652：数字 I/O。

DSQC 653：带有继电器输出的数字 I/O。

(3) 网关

DSQC 350A：DeviceNet/Allen Bradely Remote I/O Gateway。

DSQC 351A：DeviceNet Gateway。

(4) 编码器接口装置

DSQC 377A：输送跟踪的编码器接口装置。

5.3　IRC5 Compact controller 的维修

5.3.1　打开 IRC5 Compact controller

(1) 卸除顶盖

① 卸除顶盖上的 6 个止动螺钉。

② 向控制器的背部方向推动顶盖，以便它从前面板的弯曲处松开，然后向上拉将其卸除。

(2) 卸除左侧盖

① 卸除左侧盖上的 4 个止动螺钉。

② 向控制器的背部方向推动左侧盖，以便它从前面板的弯曲处松开，然后向上拉将其卸除。

(3) 卸除右侧盖

① 卸除右侧盖上的 4 个止动螺钉。

② 向控制器的背部方向推动右侧盖，以便它从前面板的弯曲处松开，然后向上拉将其卸除。

(4) 提升中间层

在提升中间层以使用 IRC5 Compact 机柜底层中的部件时，请使用此步骤。

① 卸除机柜顶盖。

② 卸除机柜的左侧盖。

③ 卸除机柜后端盖上的两个止动螺钉，如图 5-24 所示。

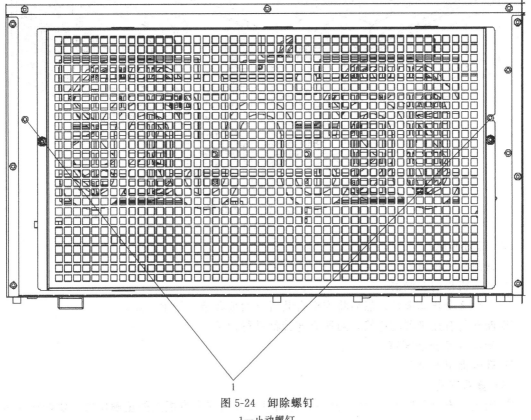

图 5-24　卸除螺钉
1—止动螺钉

④ 卸除中间层上的 5 个止动螺钉。

⑤ 断开泄流器连接器与系统电源上所有连接器的连接。

⑥ 用一只手提升中间层，同时从中间层下方翻转支架以便支撑机柜后端盖上的凹槽，如图 5-2 所示。

⑦ 将支架的一个止动螺钉安装到凹槽附近的螺孔中，然后拧紧。

5.3.2 更换安全台

(1) 位置

安全台的位置图 5-25 所示。

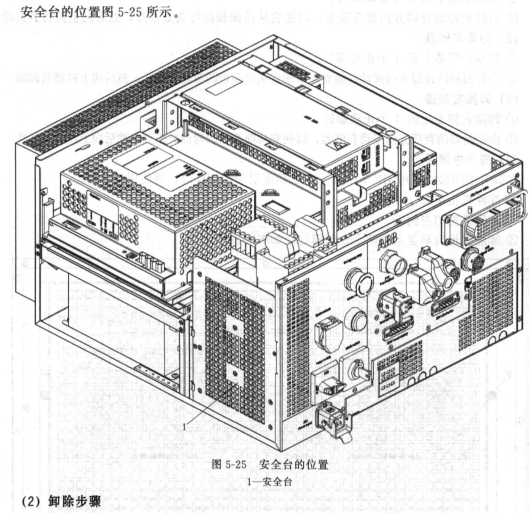

图 5-25 安全台的位置

1—安全台

(2) 卸除步骤

① 卸除机柜顶盖。

② 卸除机柜的左侧盖。

③ 卸除 2 个止动螺钉。然后将安全台装置（面板和板）拉出一点。

④ 断开所有连接器的连接，对所有连接都进行记录。

⑤ 卸除 8 个止动螺钉。

⑥ 轻轻提出安全台。

(3) 重新安装

① 轻轻将安全台提出 ESD 安全袋，并将其安装到安全台板上的正确位置。要始终抓紧板

的边缘，以避免损坏板或其组件！

②用止动螺钉固定安全台。

③在无须始终将其向内推动情况下，重新安装安全台装置（面板和板）。

④重新连接所有连接器。

⑤始终向内推动安全台装置，然后重新安装止动螺钉。

5.3.3 更换 I/O 装置

（1）位置

I/O 装置的位置如图 5-2 所示。

（2）卸除

①卸除机柜顶盖。

②卸除机柜的左侧盖和右侧盖。

③提升机柜的中间层，然后将其固定。

④断开连接器与装置的连接。

⑤倾斜该装置使其远离安装导轨，然后将其卸除。

（3）重新安装

①将该装置钩回安装导轨并轻轻将其卡到位。

②重新连接在卸除过程中断开连接的所有连接器。

5.3.4 更换备用能源组

（1）位置

图 5-1 显示了 IRC5 Compact 中备用能源组的位置。

（2）卸除

①卸除机柜顶盖。

②卸除机柜的左侧盖和右侧盖。

③提升机柜的中间层，然后将其固定。

④断开连接器 X7 与配电板的连接。

⑤卸除止动螺钉，如图 5-26 所示。

⑥拉出备用能源组。

（3）重新安装

①重新安装新备用能源组。

②重新安装止动螺钉，然后将其拧紧，如图 5-26 所示。

③重新将连接器 X7 连接到配电板。

5.3.5 更换主板

（1）位置

主板的位置如图 5-3 所示。

（2）卸除

①卸除机柜顶盖。

②卸除机柜的左侧盖和右侧盖。

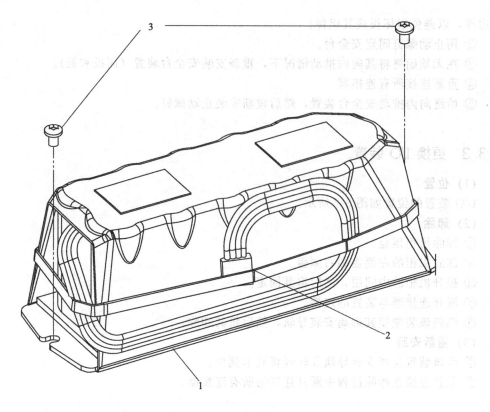

图 5-26 止动螺钉

1—备用能源组；2—连接器；3—止动螺钉

③ 卸除 Compact 闪存。

④ 卸除 PCI 板。

⑤ 卸下安全台装置的两个止动螺钉，并轻轻将其拉出少许。

⑥ 卸除接触器装置（附加了板的接触器）止动螺钉，并将装置向左移动少许。

⑦ 分离机柜内部的模式切换连接器。

⑧ 使用长螺丝刀卸除中间层上方的 1 个主板止动螺钉，如图 5-27 所示。

⑨ 使用长螺丝刀卸除中间层上方的 3 个主板止动螺钉，如图 5-28 所示。

⑩ 提升机柜的中间层，然后将其固定。

⑪ 断开所有电缆与主板的连接。

⑫ 卸除最后 6 个主板止动螺钉，如图 5-29 所示。

⑬ 轻轻将主板垂直提升少许，然后将其从右侧支架下方取出放到正确的方位。要始终抓紧板的边缘，以避免损坏板或其组件，如图 5-30 所示。

(3) 重新安装

① 轻轻将主板提出 ESD 安全袋，并将其安装到机柜的正确位置。要始终抓紧板的边缘，避免损坏板或其组件。

② 用 6 个止动螺钉固定主板，如图 5-29 所示。

③ 封闭机柜的中间层。

④ 使用长螺丝刀固定主板的其他止动螺钉。

⑤ 在机柜中重新安装模式切换连接器。

⑥ 重新安装接触器装置并固定其止动螺钉。

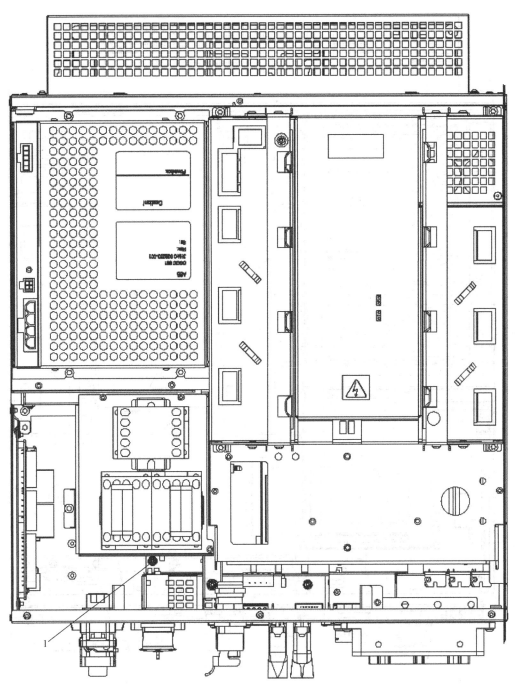

图 5-27　卸除主板止动螺钉（一）

1—主板止动螺钉

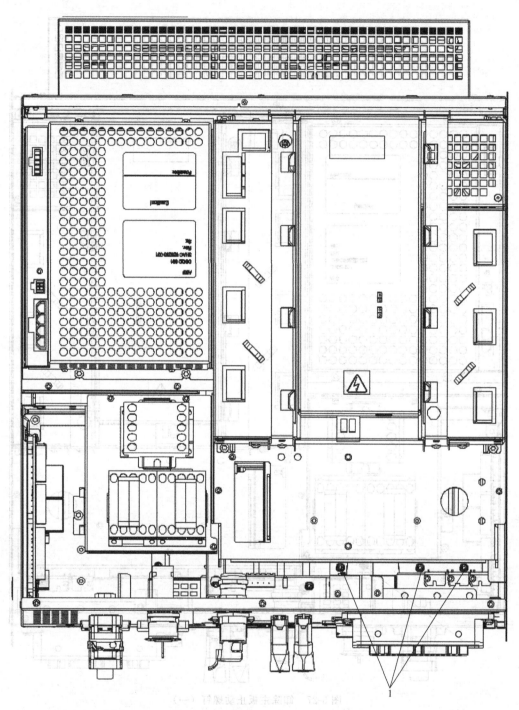

图 5-28　卸除主板止动螺钉（二）
1—主板止动螺钉

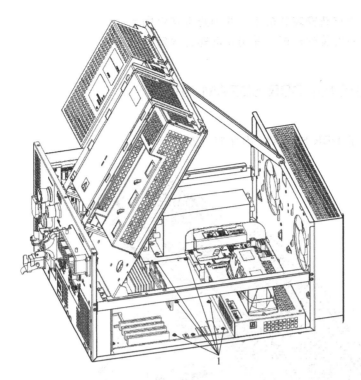

图 5-29　卸除主板止动螺钉（三）
1—主板止动螺钉

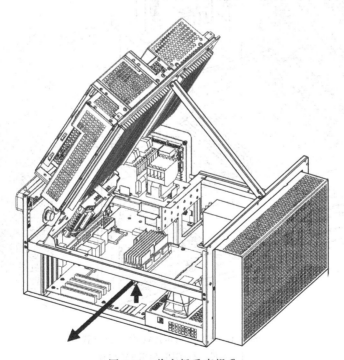

图 5-30　将主板垂直提升

⑦ 重新安装安全台并固定其止动螺钉。

⑧ 重新安装 PCI 板。

⑨ 重新安装 Compact 闪存盘。

⑩ 重新将所有电缆连接到主板。

⑪ 将左右侧盖重新安装到机柜，并用止动螺钉固定。

⑫ 将顶盖重新安装到机柜，并用止动螺钉固定。

5.3.6　更换主板上的 DDR SDRAM 内存

(1) 位置

图 5-31 显示了 DDR SDRAM 内存的位置。

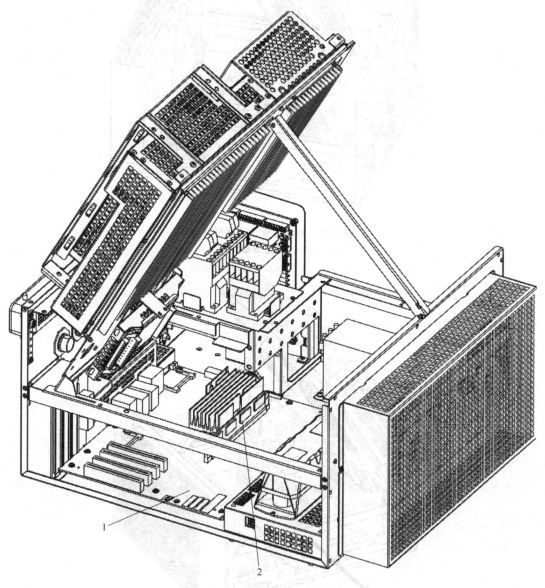

图 5-31　DDR SDRAM 内存的位置

1—主板；2—DDR SDRAM 内存

(2) 卸除

① 卸除机柜顶盖。

② 卸除机柜的左侧盖和右侧盖。

③ 提升机柜的中间层，然后将其固定。

④ 轻轻地垂直提升 DDR SDRAM 内存，如图 5-32 所示。要始终抓紧内存的边缘，避免损坏内存或其组件。应直接将内存放入 ESD 安全袋或类似物品。

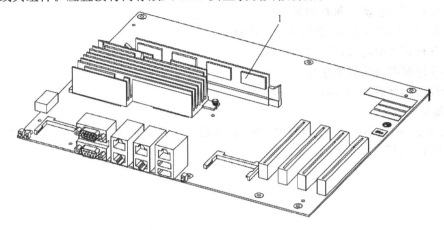

图 5-32　DDR SDRAM 内存
1—DDR SDRAM 内存

（3）重新安装

轻轻将 DDR SDRAM 内存提出 ESD 安全袋，并将其安装到主板的正确位置，如图 5-32 所示。要始终抓紧内存的边缘，以避免损坏内存或其组件。

5.3.7　更换 DeviceNet Lean 板

（1）位置

图 5-33 显示了 DeviceNet Lean 板的位置。

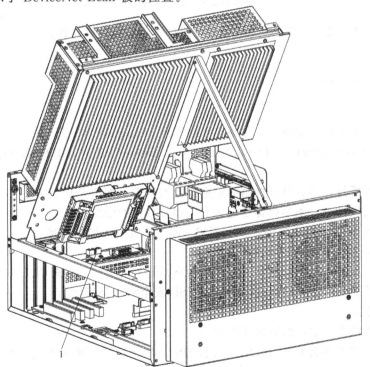

图 5-33　DeviceNet Lean 板的位置
1—DeviceNet Lean 板

(2) 卸除

① 卸除机柜顶盖。

② 卸除机柜的左侧盖和右侧盖。

③ 卸除 DeviceNet Lean 板的两个止动螺钉。

④ 提升机柜的中间层,然后将其固定。

⑤ 断开连接器与装置的连接。

⑥ 轻轻地垂直提升 DeviceNet Lean 板。

(3) 重新安装

① 轻轻将 DeviceNet Lean 板提出 ESD 安全袋,并卸下止动螺钉以将 DeviceNet Lean 板与卡支架分离,如图 5-34 所示。

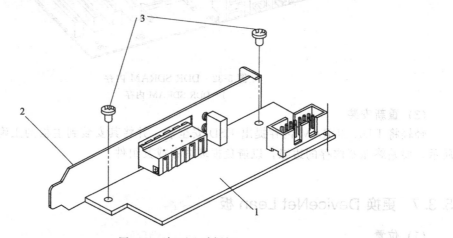

图 5-34　卸下止动螺钉

1—DeviceNet Lean 板;2—卡支架;3—止动螺钉

② 将 DeviceNet Lean 板安装到机柜的正确位置。用止动螺钉将其固定。

5.3.8　更换 PCI 板

(1) 位置

许多板都可以安装到插槽中,如图 5-18 所示。Ethernet 卡;Profibus-DP Master/Slave;单 DeviceNet Master/Slave;双 DeviceNet Master/Slave;PROFINET Master/Slave。

(2) 卸除

① 卸除翼形螺钉,然后打开控制器前面板上的端盖,如图 5-19 所示。

② 标识要更换的卡(条形码标签包含有关型号名称的信息)。

③ 断开任何电缆与 PCI 板的连接,要记录断开了哪些电缆的连接。

④ 提升机柜的中间层,然后将其固定。

⑤ 卸除卡支架顶端的止动螺钉。注意:始终抓紧卡的边缘,以避免损坏卡或其组件。

⑥ 轻轻地垂直提升卡,应直接将卡放入 ESD 安全袋或类似物品。

(3) 重新安装

① 提升机柜的中间层,然后将其固定。

② 通过将卡推入主板上的插口将卡安装到位。用止动螺钉将其固定在卡支架的顶端。要始终抓紧卡的边缘,以避免损坏卡或其组件。

③ 重新将所有附加电缆连接到 PCI 板。

④ 封闭机柜的中间层。

⑤ 确保对机器人系统进行了配置，以反映安装了 PCI 卡。

5.3.9　更换现场总线适配器

(1) 位置

可以安装到插槽中的现场总线适配器：EtherNet/IP Fieldbus Adapter；PROFIBUS Fieldbus Adapter；PROFINET 现场总线适配器，如图 5-18 所示。

(2) 卸除

① 卸除翼形螺钉，然后打开控制器前面板上的端盖，如图 5-19 所示。

② 标识现场总线适配器（条形码标签包含有关型号名称的信息）。

③ 断开电缆与现场总线适配器的连接。

④ 拧松（请勿将其卸除）现场总线适配器前端的止动螺钉（2 颗）以释放紧固装置，如图 5-35 所示。

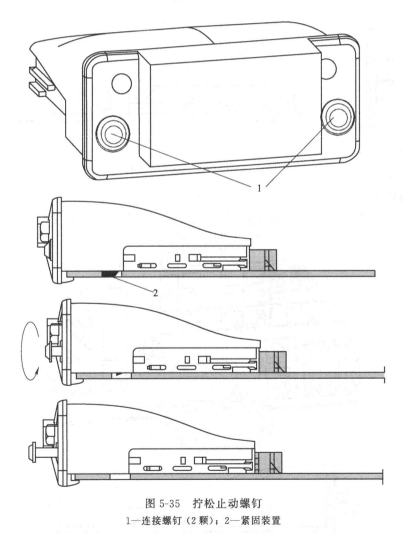

图 5-35　拧松止动螺钉

1—连接螺钉（2 颗）；2—紧固装置

⑤ 抓住拧松的止动螺钉，并轻轻将现场总线适配器按箭头的方向拉出，如图 5-36 所示。

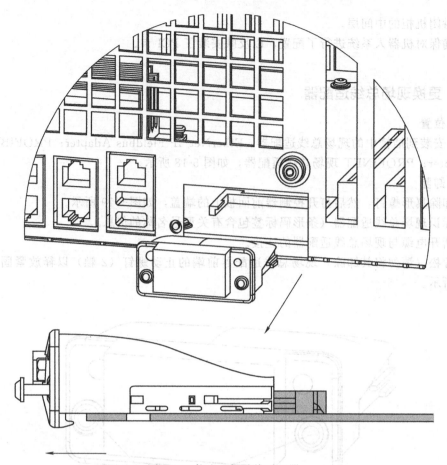

图 5-36　拉出现场总线适配器

(3) 重新安装

① 通过沿着主板上的导轨推动现场总线适配器将现场总线适配器安装到位，如图 5-37 所

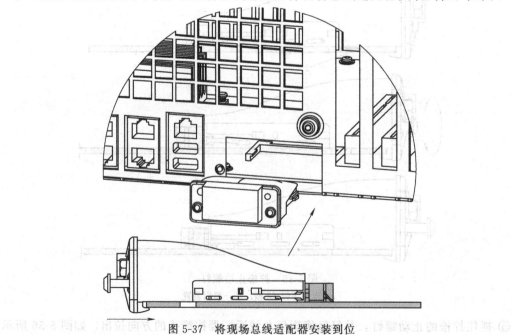

图 5-37　将现场总线适配器安装到位

示。应小心推动，不损坏任何插针。确保将适配器垂直推送到导轨上。要始终抓紧现场总线适配器的边缘，以避免损坏适配器或其组件。

②用止动螺钉（2 颗）将其固定在现场总线适配器的前端，如图 5-38 所示。

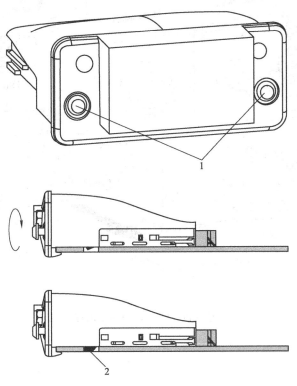

图 5-38　固定现场总线适配器的前端
1—止动螺钉；2—紧固装置

③重新将电缆连接到现场总线适配器。

④确保对机器人系统进行了配置，以反映安装了现场总线适配器。

5.3.10　更换 Compact 闪存

(1) 位置

Compact 闪存插槽的位置如图 5-18 所示。

(2) 卸除

①卸除翼形螺钉，然后打开控制器前面板上的端盖，如图 5-19 所示。

②按箭头方向轻轻拉出 Compact 闪存，如图 5-39 所示。

(3) 重新安装

按图 5-39 相反方向重新安装 Compact 闪存。

5.3.11　更换驱动装置

(1) 位置

图 5-40 显示了主驱动装置的位置。

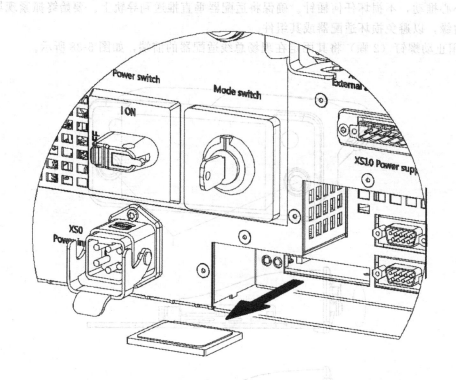

图 5-39 拉出 Compact 闪存

(2) 卸除

① 卸除机柜顶盖。

② 卸除机柜的左侧盖和右侧盖。

③ 断开所有连接器与要更换的装置的连接。

④ 拧下止动螺钉后卸除驱动装置。

(3) 重新安装

① 将该装置安装到其预定位置和方向。用止动螺钉将其固定。

② 重新连接在卸除过程中断开连接的所有连接器。

5.3.12 更换轴计算机 DSQC 668

(1) 位置

轴计算机的位置如图 5-1 所示。

(2) 卸除

① 卸除机柜顶盖。

② 卸除机柜的左侧盖和右侧盖。

③ 提升机柜的中间层，然后将其固定。

④ 断开所有连接器与电容器组和轴计算机的连接。注意要对所有连接都进行记录。

⑤ 卸除止动螺钉，如图 5-41 所示。

⑥ 轻轻地垂直提升轴计算机单元。

⑧ 拆除 7 颗止动螺钉并轻轻地垂直提升轴计算机台，如图 5-42 所示。

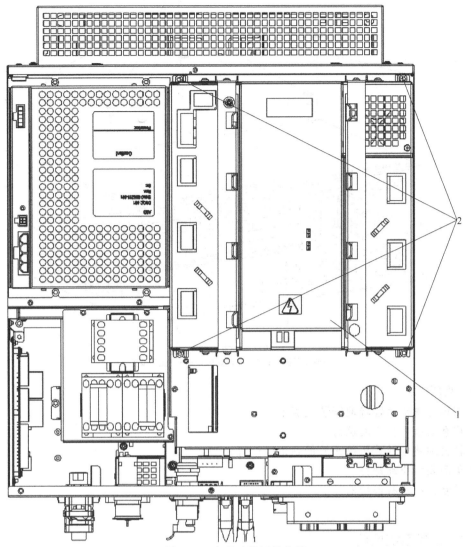

图 5-40　主驱动装置的位置

1—主驱动单元；2—主驱动装置止动螺钉

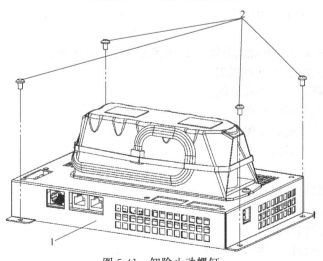

图 5-41　卸除止动螺钉

1—轴计算机；2—止动螺钉

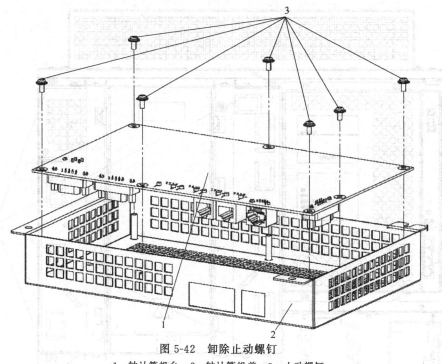

图 5-42　卸除止动螺钉

1—轴计算机台；2—轴计算机盖；3—止动螺钉

(3) 重新安装

① 将轴计算机台轻轻地安装进盖中。

② 重新安装 7 颗止动螺钉。

③ 轻轻地将轴计算机单元放低到正确位置。

④ 重新安装止动螺钉。

⑤ 重新连接所有连接器。

5.3.13　更换系统风扇

(1) 位置

图 5-43 显示了系统风扇的位置。

(2) 卸除

泄流器顶部的表面热，有烧伤危险。卸除装置时应小心谨慎。

① 卸除风扇罩上的 3 个止动螺钉。

② 向右推风扇罩，然后将其卸除。

③ 断开连接器与风扇的连接。

④ 拧松风扇插座上的止动螺钉。

⑤ 向上推风扇，然后将其卸除。

(3) 重新安装

① 将风扇放置到位，然后向下推。

② 固定风扇插座上的止动螺钉。

③ 将连接器连接到风扇。

④ 将风扇罩放置到位，然后向左推。

⑤ 固定风扇罩上的 3 个止动螺钉。

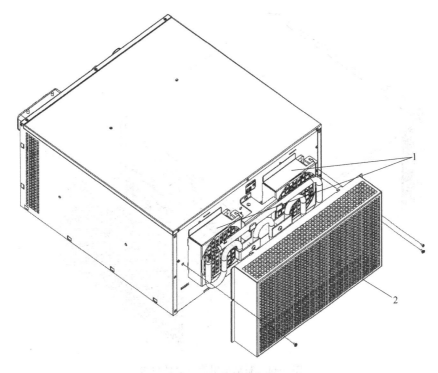

图 5-43　系统风扇的位置
1—系统风扇；2—风扇罩

5.3.14　更换制动电阻泄流器

（1）位置

图 5-44 显示了制动电阻泄流器的位置。

（2）卸除

泄流器顶部表面热。有烧伤危险。卸除装置时应小心谨慎。

① 移除风扇罩。

② 卸除机柜顶盖。

③ 断开泄流器连接器与驱动装置的连接，然后通过孔将泄流电缆拉出机柜后盖。

④ 松开泄流器支架上两颗位于下部的止动螺钉，如图 5-45 所示。

⑤ 卸除上部的止动螺钉。

⑥ 向上拉制动电阻泄流器，然后向外拉，将其从上部螺钉头下释放出来，然后将其卸除。

（3）重新安装

① 重新安装制动电阻泄流器，方法是在下部止动螺钉头下方滑动凹进处，然后依次向里推和向下推。

② 重新安装上部的止动螺钉。

③ 拧紧泄流器的所有止动螺钉。

④ 通过机柜后盖上的孔拉出泄流器电缆。

⑤ 重新安装风扇罩，然后将其向左推到凹槽内。

⑥ 重新安装风扇罩上的止动螺钉，然后将其拧紧。

⑦ 将泄流器电缆重新连接到驱动装置上。

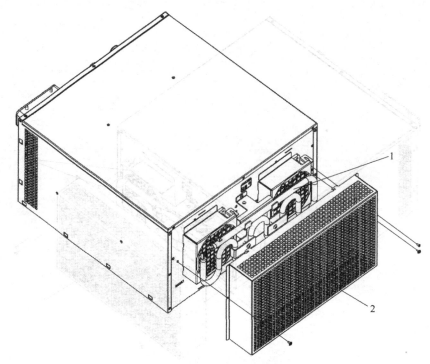

图 5-44　制动电阻泄流器的位置
1—泄流器；2—风扇罩

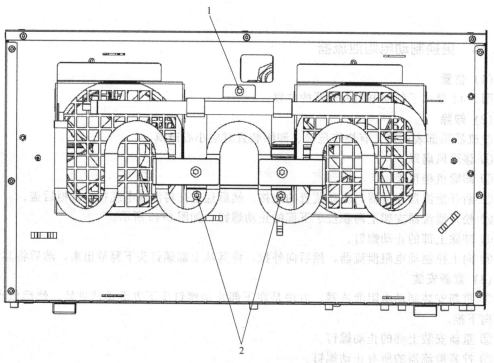

图 5-45　止动螺钉
1—上部的止动螺钉；2—下部的止动螺钉

5.3.15　更换 Remote Service 箱

(1) 位置
图 5-15 显示了 Remote Service 箱的位置。

(2) 卸除
① 卸除机柜顶盖。
② 卸除机柜的左侧盖和右侧盖。
③ 断开所有连接器与 Remote Service 箱的连接。
④ 倾斜该装置使其远离安装导轨，然后将其卸除。

(3) 重新安装
① 将 Remote Service 箱安装到位。
② 将所有连接器重新连接到 Remote Service 箱。

5.3.16　更换电源

(1) 更换配电板
① 位置　图 5-1 显示了配电板的位置。

② 卸除　配电板装置顶部表面是热的。烧伤危险。卸除装置时应小心谨慎。

a. 卸除机柜顶盖。

b. 卸除机柜的左侧盖和右侧盖。

c. 提升机柜的中间层，然后将其固定。

d. 断开所有连接器与配电板的连接。

e. 卸除止动螺钉，如图 5-46 所示。

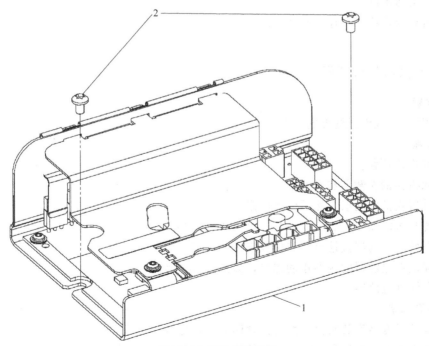

图 5-46　卸除止动螺钉
1—配电板；2—止动螺钉

f. 垂直提升配电板。

③ 重新安装

a. 将配电板放置到位，然后重新安装止动螺钉，如图 5-46 所示。

b. 重新连接连接器 X1～X9，注意配电板装置顶部的表面是热的，请勿在配电板顶部输送或放置电缆。

(2) 更换系统电源

① 位置　图 5-1 显示了系统电源的位置。

② 卸除

a. 卸除机柜的顶盖和左侧盖。

b. 断开所有连接器与装置的连接。

c. 拧松两个上部的止动螺钉，如图 5-47 所示。

d. 卸除两个下部的止动螺钉。

e. 将电源装置向外拉出，然后向下，将其从上部释放，然后将其卸除。

③ 重新安装

a. 重新安装电源，方法是在上部螺钉头下方滑动凹进处，然后依次向里推和向上推，如图 5-47 所示。

b. 重新安装两个下部的止动螺钉。

c. 拧紧止动螺钉（4 颗）。

d. 将所有连接器重新连接到装置。

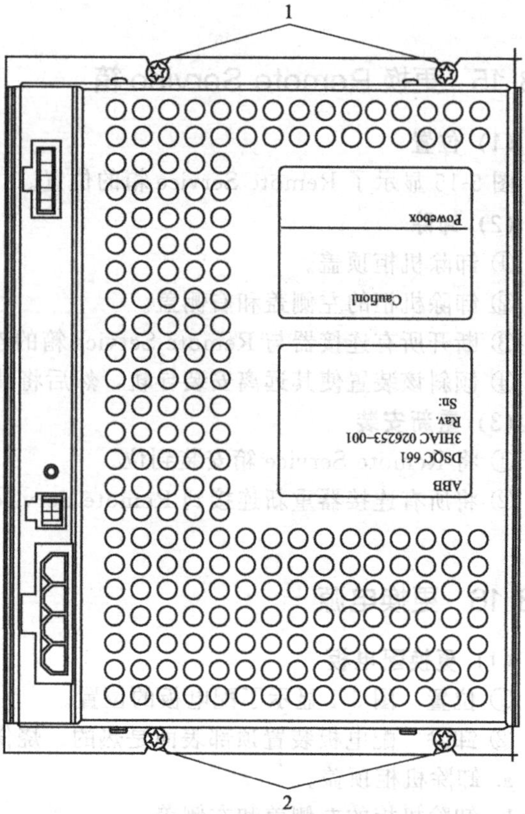

图 5-47　拧松止动螺钉
1—上部的止动螺钉；2—下部的止动螺钉

5.3.17　更换线性过滤器

(1) 位置

图 5-1 显示了线性过滤器的位置。

(2) 卸除

① 卸除机柜顶盖。

② 卸除机柜的左侧盖和右侧盖。

③ 提升机柜的中间层，然后将其固定。

④ 电缆与过滤器 L1 L2 L3 和 L1′ L2′ L3′ 连接器的连接。

⑤ 断开两个过滤器接地电缆与接地端子的连接。

⑥ 卸除线性过滤器的四颗止动螺钉，如图 5-48 所示。

⑦ 拉出线性过滤器。

(3) 重新安装

① 将线性过滤器安装到位，然后拧紧四颗止动螺钉。

② 重新连接在卸除过程中断开连接的所有连接器。

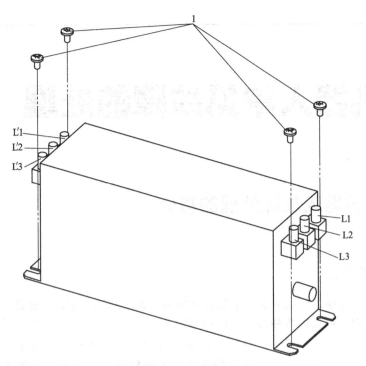

图 5-48　止动螺钉

1—线性过滤器的止动螺钉

第6章

工业机器人常见故障的处理

6.1 工业机器人故障处理的基础

6.1.1 限位开关链

限位开关是可移动的机电开关，安装在操纵器轴的工作范围末端。这样，出现安全或其他原因，可将开关用于将操纵器的部件限定在可能的工作范围内。通常，机器人程序包含了在操纵器工作范围内设置的软件限制，以便在正常操作期间永远不会拨动机电限位开关。但是，如果拨动限位开关，必须是因为某些故障而导致，Motors ON 链被取消激活且机器人停止运作。一个特殊的覆盖功能可用于在拨动覆盖开关之后在该区域外手动微动控制机器人。

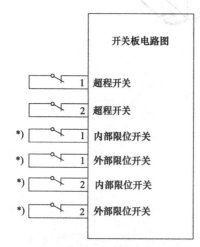

图 6-1　限位开关电路的
原理（中英文对照）
*）—在交付时旁通电路，即除跳线之外没有连接任何东西。可串联任何数量的开关

（1）电路

图 6-1 显示了限位开关电路的原理，其说明如下。

① 外部限位开关。用于外部设备，如跟踪动作等。

② 覆盖限位开关。可覆盖限制开关以在离开限制开关的地方微动控制机器人。

（2）覆盖限位开关电路

如果因为限位开关跳闸而导致操作停止，Motors ON 电路可能暂时闭合，以手动将机器人运行回其工作区内。为此，它要求将两极"限位开关覆盖开关"连接到接触器接口电路板输入端，如图 6-2 所示。

保持此覆盖开关闭合，可按下 FlexPendant 上的 Motors ON 按钮使用控制杆手动运行机器人。

6.1.2 信号 ENABLE1 和 ENABLE2

信号 ENABLE1 和 ENABLE2 是控制器在启动（即通电）之前对自身进行检查的一种方法。如果任一计算机检测到错误，它会影响 ENABLE1 和 ENABLE2 中的一个信号。

（1）ENABLE1

ENABLE1 信号由主机监控，并通过大量检查其状态的单元来运行：

面板单元；Drive Module。

所有单元正常时，电路可能闭合，以激活 Motors ON 接触器。

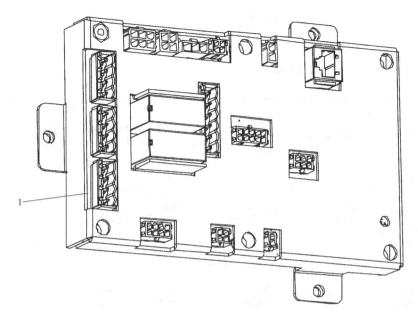

图 6-2　覆盖限位开关电路

1—接触器接口电路板上的连接器 X23：在针脚 1～2 之间连接
限位开关覆盖开关第一极，在针脚 3～4 之间连接第二极

（2）ENABLE2

ENABLE2 信号由轴计算机监控，并通过大量检查其状态的设备来运行：

面板单元；轴计算机；驱动系统整流器；接触器电路板。

所有单元正常时，电路可能闭合，以激活 Motors ON 接触器。

（3）信号 EN1 和 EN2

信号 EN1 和 EN2 不能与信号 ENABLE1 和 ENABLE2 混淆。在 FlexPendant 上按下并联的两个使动装置时，将生成 EN1 和 EN2 信号。

6.1.3　电源

（1）电源——Control Module

① 电路图　图 6-3 为主电源线路图示。

② 说明

a. Panel Board（A21）：Panel Board 使用 G2 单元提供的 ±24V DC 电源。

b. 主机单元（A3）：主机单元使用 G2 单元提供的 ±24V DC 电源。该单元还有一个内部的 DC/DC 变频器，用于对逻辑电路供电。

c. 外部计算机风扇（E2）：冷却风扇安装在模块的后面。它通过 Panel Board 采用 G2 单元提供的 24V COOL 电源。

d. 门风扇（E3），备选件：冷却风扇安装在模块门的内侧。它通过 Panel Board 采用 G2 单元提供的 24V COOL 电源。

e. 机箱风扇（E22）：冷却风扇装在计算机单元的内部。它使用计算机主机电路板上的 G31 电源单元供电。

f. 机箱风扇（E23）：冷却风扇装在计算机单元的内部。它使用计算机主机电路板上的 G31 电源单元供电。

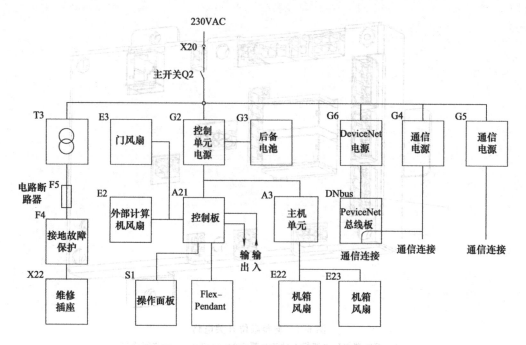

图 6-3　主电源线路图示（中英文对照）

g. 接地故障保护（F4）备选件：维修插座的接地故障保护以免 115V/230V AC 维修插座受到潜在接地电流的损坏。

h. 电路断路器（F5）备选件：电路断路器保护维修插座免受过流（2A）损坏。

i. Control Module 电源（G2）：Control Module 电源是主 AC/DC 变频器（DSQC 604），将许多单元的 230V AC 电源转换为 ±24V DC 电源。

j. 后备电池（G3）：后备电池（电容器）用于向主机单元供电。在发生电源故障的情况下，该单元确保在故障发生之前对内存内容作一个完整的备份。G3 单元由 G2 单元供电。

k. Customer Power Supply（G4，G5）：Customer Power Supply 是可选的电源单元（DSQC 608），用于为 Customer Connections 供电。

l. DeviceNet 电源（G6）备选件：DeviceNet 电源是为 DeviceNet 单元供电的备选电源（DSQC608）。

m. DNbus 备选件：DeviceNet 总线板由 G6 单元供电。

n. Q2：Control Module 前面的主开关。

o. 操作面板（S1）：该面板由 G2 单元供电，且为操作面板和 FlexPendant 供电。

p. 变压器（T3）备选件：为维修插座供电的 230/230V AC 变压器。

q. X20：从 Drive Module 中的主变压器将 230V AC 电源连接至 Control Module 的连接器。

r. 维修插座（X22）备选件：为外部维修设备（如笔记本电脑等）供电的 230V AC 维修插座。

③ 位置　图 6-4 显示了 Control Module 中电源的物理位置。其参数如表 6-1 所示。

(2) 电源——Drive Module

① 电路图　图 6-5 为主电源线路图示。

② 说明

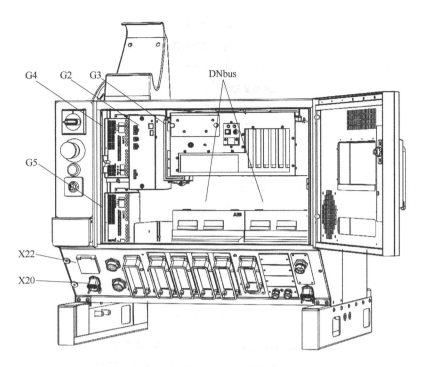

图 6-4　Control Module 电源物理位置

a. 主伺服驱动单元（A41.1）：向机器人的电机提供电源的驱动单元。它也为风扇单元供电。驱动单元中的低压电子装置由 Drive Module 电源供电。

表 6-1　Control Module 电源参数

序号	电压	生成电压的电源单元	电源
1	24V COOL	G2	Panel board
2	24V SYS	G2	Panel board
3	24V PC	G2	主机单元
4	24 V I/O	G4, G5	Customer Connections
5	24V Device Net	G6	
6	24V PANEL	A21	
7	24V TP_POWER	A21	

b. 整流器（A41.2）：向驱动单元提供 DC 电压的驱动设备整流器。

c. 轴计算机单元（A42）：轴计算机单元还有一个内部的 DC/DC 变频器，用于对逻辑电路供电。

d. 接触器接口电路板（A43）：接触器接口电路板控制系统中的许多接触器，例如，两个 RUN 接触器。

e. 风扇单元（E1）：Drive Module 后面的冷却风扇，它由驱动单元供电。

f. 电路断路器（F1）：电路断路器（25 A）保护驱动设备受过流损害。

g. 电路断路器（F2）：保护电子元件电源的电路断路器（10 A）。

h. Drive Module 电源（G1）：Drive Module 中的 Drive Module 电源（用于较小型机器人的 DSQC 626 以及用于 IRB 340、IRB 6600 和 IRB 7600 的 DSQC 627），将 230V AC 转换为 24V DC。

i. 接触器（K41）：由 Control Module Panel Board 控制的接触器，为电子装置供电。

j. RUN 接触器（K42）：由接触器电路板控制的 RUN 接触器，为驱动设备供电。

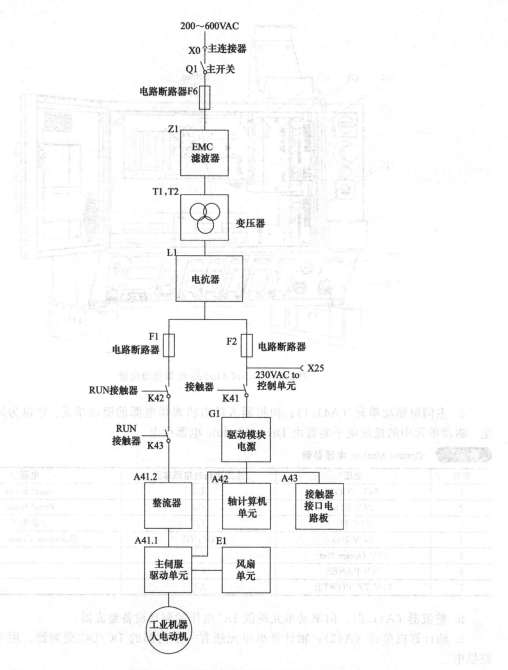

图 6-5 主电源线路（中英文对照）

k. RUN 接触器（K43）：由接触器电路板控制的第二个 RUN 接触器，为驱动设备供电。

l. 主开关（Q1）：Drive Module 前面的主开关。

m. 变压器（T1 或 T2）：T1 主变压器，将主电源（200～600V AC）转换为 3×262V AC（小型机器人）、3×400V AC（IRB 6600）或 3×480V AC（IRB 7600）；T2 由直流电源机器人，如 IRB 6600（400～480V）和 IRB 7600（480V）用于向各种类型的电源单元提供 230V AC 电源。

n. X0：Drive Module 连接器面板上的主连接器。未显示位置；位于盖后面。

o. X25：向 Control Module 提供二相电源的连接器。未显示位置；位于盖后面。

p. Z1 备选件：EMC 滤波器。

③ 位置　图 6-6 显示了 Drive Module 中电源的物理位置。其参数如表 6-2 所示。

表 6-2　Drive Module 电源的参数

序号	电压	生成电压的电源单元	电源
1	24V COOL	G1	接触器单元、主伺服驱动单元
2	24V SYS	G1	
3	24V DRIVE	G1	轴计算机、主伺服驱动单元、接触器单元
4	24V BRAK	G1	接触器单元

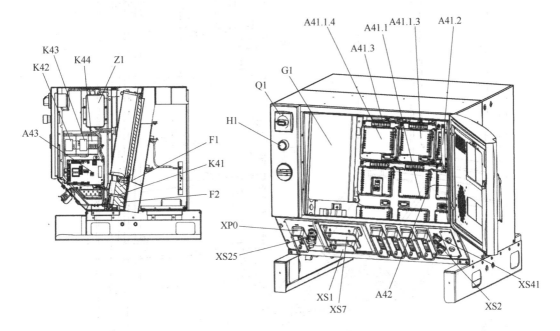

图 6-6　Drive Module 电源的物理位置

6.1.4　熔丝

(1) 伺服系统熔丝 (F1)

伺服系统的电源使用 25A 自动熔丝保护。

(2) 主熔丝 (F2)

Drive Module 电源和轴计算机的电源使用 10A 的自动熔丝保护。

(3) 插座连接器的熔丝 (F5) 和接地故障保护单元 (F4)

Control Module 上的维修插座（115～230V AC）使用熔丝（欧洲为 2A，美国为 4A）和接地故障保护单元保护。

(4) 可选的电路断路器 (F6)

可将一个 25A 的电路断路器作为备选件直接安装在 Drive Module 上的 Q1 主开关后面。

(5) 位置

Control Module 位置如图 6-7 所示。Drive Module 位置如图 6-8 所示。

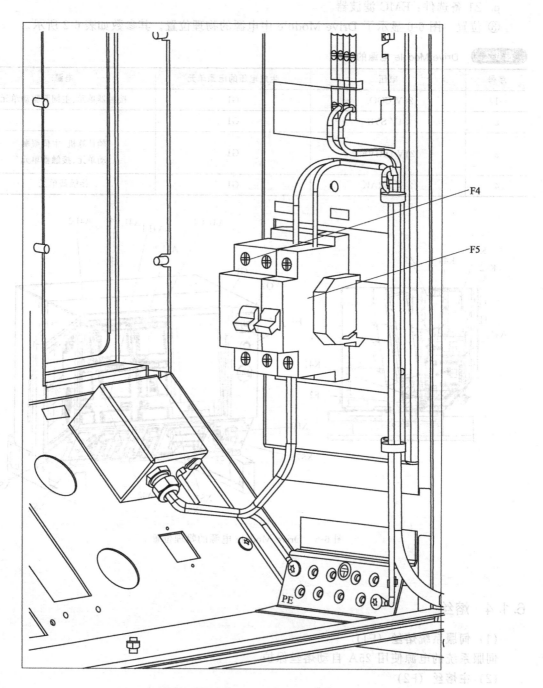

图 6-7　熔丝位置 (Control Module)

6.1.5　指示

(1) Control Module 中的 LED

控制器模块有许多指示 LED，它为故障排除提供重要的信息。图 6-9 显示了所有单元及 LED。

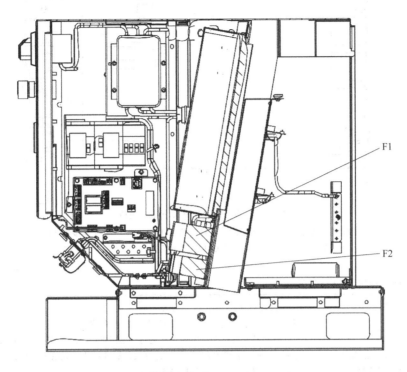

图 6-8 熔丝位置（Drive Module）

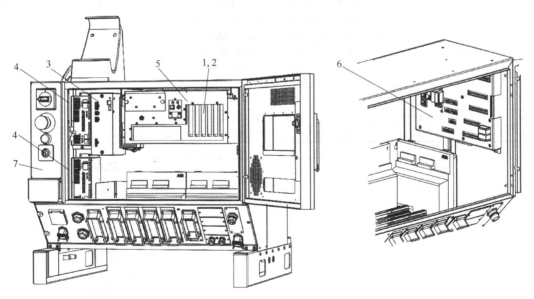

图 6-9 所有单元及 LED

1—机器人通信卡（五个板槽中的任何一个）；2—以太网电路板（五个板槽中的任何一个）；3—Control
Module 电源；4—客户 I/O 电源（多达三个单元）；5—计算机单元；6— Panel board；7—LED 板

① 机器人通信卡（RCC） 图 6-10 显示了机器人控制卡上的 LED。含义如表 6-3 所示。

② 以太网电路板 图 6-11 显示了以太网电路板上的 LED。其含义如表 6-4 所示。

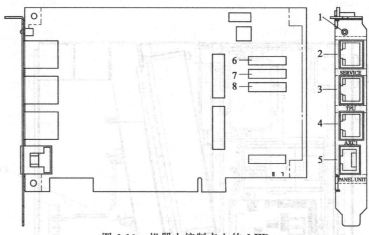

图 6-10　机器人控制卡上的 LED

1—主机单元状态 LED（并非 RCC 电路板状态 LED）；2—服务连接器 LED；
3—TPU 连接器 LED；4—AXC1 连接器 LED；5～8—不是 LED

表 6-3　机器人通信卡 LED 含义

序号	描述	含　义
1	主机单元状态 LED（在启动期间）	以下按正常启动期间亮起的顺序说明 LED 的含义 ①红灯持续：主机引导序列正在运行。在正常引导序列期间，LED 在几秒之后进入闪烁状态。如果持续亮红灯，引导计算机的磁盘可能出现故障并且必须更换 ②红灯闪烁：正在加载主机操作系统 ③绿灯闪烁：系统正在启动 ④绿灯持续：系统完成启动
2	服务连接器 LED	显示服务连接器通信。此 LED 仅在系统已经启动（即，主机单元状态 LED 为持续的绿灯）并且服务端口已经初始化之后亮起 ①绿灯熄灭：选择了 10MBps 数据率 ②绿灯亮起：选择了 100MBps 数据率 ③黄灯闪烁：两个单元正在以太网通道上通信 ④黄灯持续：LAN 链路已建立 ⑤黄灯熄灭：LAN 链路未建立
3	TPU 连接器 LED	显示 FlexPendant 和机器人通信卡之间的以太网通信状态
4	AXC1 连接器 LED	显示轴计算机 1 和机器人通信卡之间的以太网通信状态

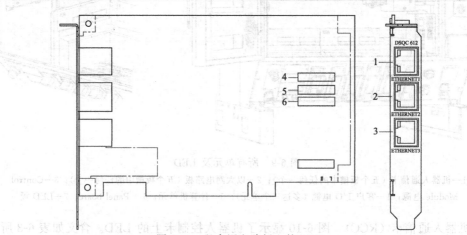

图 6-11　以太网电路板上的 LED

1—AXC2 连接器 LED；2—AXC3 连接器 LED；3—AXC4 连接器 LED；4～6—不是 LED

表 6-4　以太网电路板上的 LED 含义

序号	描述	含　义
1	AXC2 连接器 LED	显示轴计算机 2 和以太网电路板之间的以太网通信状态 ①绿灯熄灭:选择了 10MBps 数据率 ②绿灯亮起:选择了 100MBps 数据率 ③黄灯闪烁:两个单元正在以太网通道上通信 ④黄灯持续:LAN 链路已建立 ⑤黄灯熄灭:LAN 链路未建立
2	AXC3 连接器 LED	显示轴计算机 3 和以太网电路板之间的以太网通信状态参见以上所述
3	AXC4 连接器 LED	显示轴计算机 4 和以太网电路板之间的以太网通信状态参见以上所述

③ 控制模块电源　Control Module 电源上的 LED 有 DCOK 指示灯,其状态与含义如下。

a. 绿色:在所有 DC 输出都超过指定的最低水平时。

b. 关:在一个或多个 DC 输出低于指定的最低水平时。

④ 控制模块配电板　控制模块配电板也有 DCOK 指示灯,其状态与含义如下。

a. 绿色:在直流输出超出指定的最小电压时。

b. 关:在直流输出低于指定的最小电压时。

⑤ Customer Power Supply Customer Power Supply Module 上的 LED 也有 DCOK 指示灯,其状态与含义和 Control Module 电源上的 LED 指示灯的状态与含义一样。

⑥ 计算机单元　图 6-12 显示了计算机单元上的 LED。其含义如表 6-5 所示。

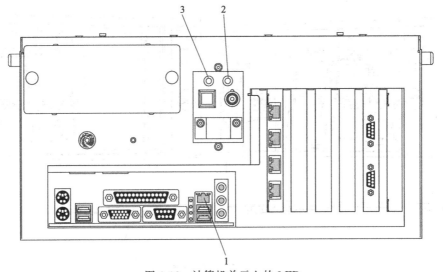

图 6-12　计算机单元上的 LED

1—以太网 LED;2—海量存储器指示 LED;3—电源开启 LED

表 6-5　计算机单元上的 LED 含义

序号	描述	含　义
1	以太网 LED	显示主机以太网通道上的通信状态 ①绿灯熄灭:选择了 10Mbps 数据率 ②绿灯亮起:选择了 100Mbps 数据率 ③黄灯闪烁:两个单元正在以太网通道上通信 ④黄灯持续:LAN 链路已建立 ⑤黄灯熄灭:LAN 链路未建立
2	海量存储器指示 LED	黄灯:闪烁的 LED 指示硬盘和处理器之间通信
3	电源开启 LED	①绿灯持续:计算机单元有通电并且工作正常 ②绿灯熄灭:单元未通电

⑦ Panel board　Panel Board 上的 LED 含义如表 6-6 所示。

表 6-6　Panel Board 上 LED 含义

序号	描述	含　义
1	状态 LED	绿灯闪烁：串行通信错误
		绿灯持续：找不到错误，且系统正在运行
		红灯闪烁：系统正在加电/自检模式中
		红灯持续：出现串行通信错误以外的错误
2	指示 LED，ES1	黄灯在紧急停止链 1 关闭时亮起
3	指示 LED，ES2	黄灯在紧急停止链 2 关闭时亮起
4	指示 LED，GS1	黄灯在常规停止开关链 1 关闭时亮起
5	指示 LED，GS2	黄灯在常规停止开关链 2 关闭时亮起
6	指示 LED，AS1	黄灯在自动停止开关链 1 关闭时亮起
7	指示 LED，AS2	黄灯在自动停止开关链 2 关闭时亮起
8	指示 LED，SS1	黄灯在上级停止开关链 1 关闭时亮起
9	指示 LED，SS2	黄灯在上级停止开关链 2 关闭时亮起
10	指示 LED，EN1	黄灯在 ENABLE1＝1 且 RS 通信正常时亮起

(2) Drive Module 中的 LED

驱动模块有许多指示 LED，它为故障排除提供重要的信息，图 6-13 显示了所有单元及 LED。

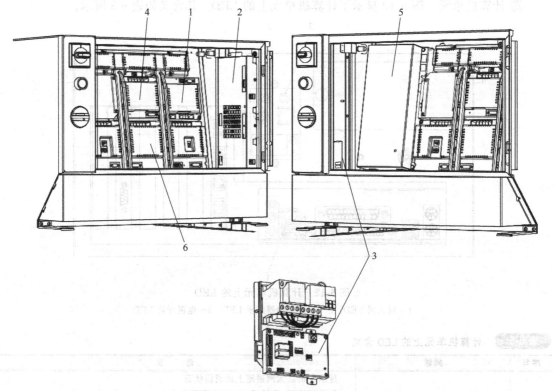

图 6-13　Drive Module 中的 LED

1—整流器；2—轴计算机；3—接触器接口电路板；4—单伺服驱动器；5—Drive Module 电源；6—主伺服驱动器

① 轴计算机　图 6-14 显示了轴计算机上的 LED。其含义如表 6-7 所示。

② 伺服驱动器与整流器单元　有两种主伺服驱动单元，都用于为六轴机器人供电的六单元驱动器和三单元驱动器。三单元驱动器是六单元驱动器大小的一半，但指示 LED 在相同的位置。Drive Module 主伺服驱动器、单伺服驱动器和整流器单元上的指示 LED 的含义如下。

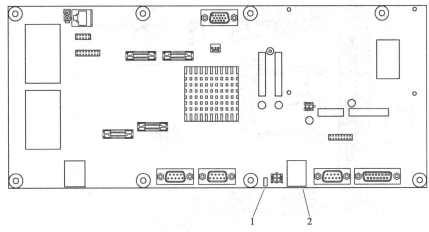

图 6-14 轴计算机上的 LED
1—状态 LED；2—以太网 LED

表 6-7 轴计算机上的 LED 含义

序号	描述	含 义
1	状态 LED	以下按正常启动期间亮起的顺序说明了各 LED 的含义 ①红灯持续:电源开启。轴计算机正在初始化基本的硬件和软件 ②红灯闪烁:正在连接主机、尝试下载 IP 地址和图像文件至轴计算机 ③绿灯持续:启动序列就绪。VxWorks 正在运行 ④绿灯闪烁:出现初始化错误。如有可能,轴计算机会通知主机
2	以太网 LED	显示其他轴计算机(2、3 或 4)和以太网电路板之间的以太网通信状态 ①绿灯熄灭:选择了 10MBps 数据率 ②绿灯亮起:选择了 100MBps 数据率 ③黄灯闪烁:两个单元正在以太网通道上通信 ④黄灯持续:LAN 链路已建立 ⑤黄灯熄灭:LAN 链路未建立

a. 绿灯闪烁：内部功能正常，但与单元的接口中出现故障。不需要更换单元。

b. 绿灯持续：程序加载成功，单元功能正常并且与这些单元的所有接口功能正常。

c. 红灯持续：检测到永久性内部故障。如果启动时内部自测故障或者在检测到运行的系统中有内部故障，LED 会有此种模式。很可能需要更换单元。

③ Drive Module 电源 Drive Module 电源上的 LED 也有 DCOK 指示灯，其状态与含义和 Control Module 电源上的 LED 指示灯的状态与含义一样。

④ 接触器接口电路板 图 6-15 显示了接触器接口电路板上的 LED。状态 LED 的含义如下。

a. 绿灯闪烁：串行通信错误。

b. 绿灯持续：找不到错误，且系统正在运行。

c. 红灯闪烁：系统正在加电/自检模式中。

d. 红灯持续：出现串行通信错误以外的错误。

(3) I/O 单元

所有数字和组合 I/O 单元都有相同的 LED 指示。图 6-16 显示了数字 I/O 单元 DSQC 328，并且适用于以下的 I/O 单元：

① 120V ACI/O DSQC 320

② 组合 I/O DSQC 327

③ 数字 I/O DSQC 328

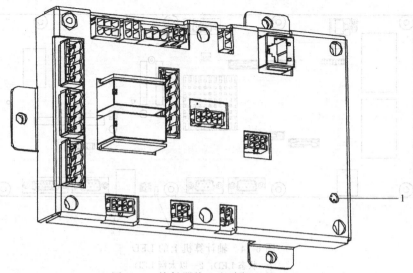

图 6-15　接触器接口电路板上的 LED

1—状态 LED

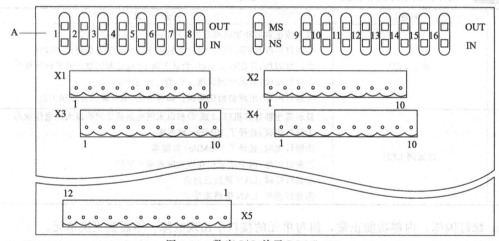

图 6-16　数字 I/O 单元 DSQC 328

④ 继电器 I/O DSQC 332　其含义见表 6-8。

表 6-8　数字 I/O 单元 LED 的含义

序号	名称	颜色	描　述
1	IN	黄色	输入高信号时亮起。施加的电压越高，LED 发出的光越亮。也就是说，即使输入电压在电压级别"1"之下，LED 也会发出微光
2	OUT	黄色	输出高信号时亮起。施加的电压越高，LED 发出的光越亮。

序号	名称	颜色	指示	要求操作
3	MS	熄灭	未通电	检查 24VCAN
		绿色	正常条件	
		绿灯闪烁	软件配置缺失，处于待机状态	配置设备
		绿灯/红灯闪烁	设备自检	等待测试完成
		红灯闪烁	小故障（可修复）	重启设备
		红灯	不可修复的故障	更换设备
4	NS	关	未通电/离线	
		绿灯闪烁	在线，未连接	等待连接
		绿灯	在线，已建立连接	—
		红灯	关键链路故障，不能通信（重复的 MACID 或者总线断开）	更改 MACID 和（或）检查 CAN 连接/电缆

（4）加电时的 DeviceNet 总线状态 LED

系统在启动期间执行 MS 和 NSLED 的测试。此测试的目的是检查所有 LED 是否正常工作。测试按表 6-9 所示的方式运行。

表 6-9　加电时的 DeviceNet 总线状态 LED

顺序	LED 操作	顺序	LED 操作
1	NSLED 关闭	5	NSLED 打开，绿灯亮起约 0.25s
2	MSLED 打开，绿灯亮起约 0.25s	6	NSLED 打开，红灯亮起约 0.25s
3	MSLED 打开，红灯亮起约 0.25s	7	NSLED 打开绿灯
4	MSLED 打开绿灯		

（5）INTERBUS 通信板上的 LED

INTERBUS 通信板通常安装在控制模块中。在板的前面，许多指示 LED 显示单元的状态及其通信。

① DSQC351A　DSQC351A 板上的 LED 如图 6-17 所示。特定 LED 的含义如表 6-10 所示。

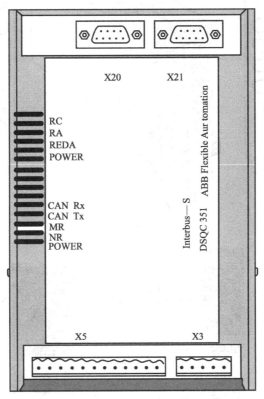

图 6-17　DSQC351A 板上的 LED

表 6-10　DSQC351A 板上特定 LED 含义

序号	名称	颜色	描　述
1	POWER-24V DC （上部指示灯）	绿色	①指示有电源电压，并且电压超过 12V DC ②如果没有亮起，检查电源模块上是否有电压。另外检查电源连接器中是否有电。如果没有，检查电缆和连接器 ③如果向单元加电，但其未工作，则更换单元
2	POWER-5V DC （下部指示灯）	绿色	①在 5V DC 电源在限制内并且复位不活动时亮起 ②如果没有亮起，检查电源模块上是否有电压。另外检查电源连接器中是否有电。如果没有，检查电缆和连接器 ③如果向单元加电，但其未工作，则更换单元

续表

序号	名称	颜色	描　述
3	RBDA	红色	此 INTERBUS 工作站是 INTERBUS 网络中最后一个工作站时亮起。如果不是，请检查 INTERBUS 配置
4	BA	绿色	①在 INTERBUS 活动时亮起
			②如果未亮起，请检查网络、节点和连接
5	RC	绿色	①在 INTERBUS 通信无错误运行时亮起
			②如果未亮起，请检查机器人和 INTERBUS 网中的系统消息

② DSQC 512　DSQC 512 板的情况如图 6-18 所示。LED 含义如表 6-11 所示。

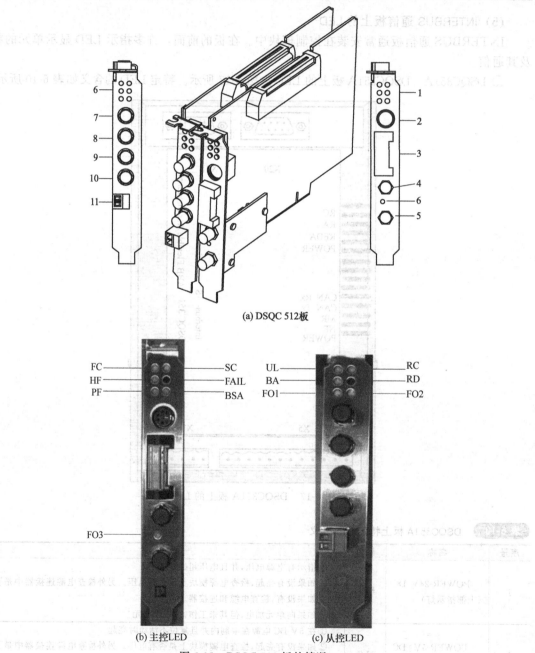

(a) DSQC 512板

FC———SC
HF———FAIL
PF———BSA

UL———RC
BA———RD
FO1———FO2

FO3

(b) 主控LED　　(c) 从控LED

图 6-18　DSQC 512 板的情况

1—主控 LED；2~5,7~11—不是 LED，不在本书中讨论；6—从控 LED

表 6-11　LED 含义

序号	名称		颜色	描 述
1	主控 LED	PF	黄色	外围设备故障,连接该总线的一个或多个外围设备有故障
2		HF	黄色	主机故障,该单元与主机断开连接
3		FC	绿色	保留,不可用
4		BSA	黄色	总线段中止,一个或多个总线段被断开(禁用)
5		FAIL	红色	总线失败,INTERBUS 系统中发生错误
6		SC	闪烁绿灯	状态控制器,单元活动,但没有配置
7		SC	绿色	状态控制器,单元活动,并且已经配置
8		FO3	黄色	通道 3 的光纤正常。在主控电路板初始化或者通信失败期间亮起
9	从控 LED	UL	绿色	电源,单元使用外部 24V DC 电源供电
10		BA	闪烁绿灯	总线活动,单元活动,但没有配置
11		BA	绿色	总线活动,单元活动,并且已经配置
12		FO1	黄色	通道 1 的光纤正常。在从控电路板初始化或者通信失败期间亮起
13		RC	绿色	远程总线检查,单元外的总线段处于活动状态
14		RD	红色	远程总线禁用,单元外的总线段被禁用
15		FO2	黄色	通道 2 的光纤正常。在从控电路板初始化或者通信失败期间亮起

③ DSQC 529　如图 6-19 所示。主控 LED 如图 6-19（b）所示。LED 含义如表 6-12 所示。

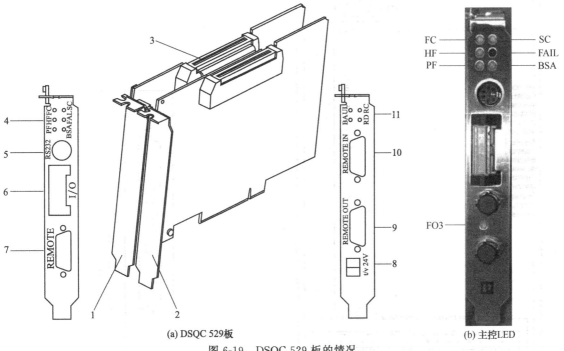

(a) DSQC 529板　　　　　　　　　　(b) 主控LED

图 6-19　DSQC 529 板的情况

1~3,5~10—这些并非是 LED,并且不在本文中讨论;4—主控 LED;11—从控 LED

表 6-12　DSQC 529LED 含义

序号	名称	颜色	描 述
1	HF	黄色	主机故障,该单元与主机断开连接
2	FC	绿色	保留,不可用
3	BSA	黄色	总线段中止,一个或多个总线段被断开(禁用)
4	FAIL	红色	总线失败,INTERBUS 系统中发生错误
5	SC	闪烁绿灯	状态控制器,单元活动,但没有配置
6	SC	绿色	状态控制器,单元活动,并且已经配置
7	FO3	黄色	仅适用于 DSQC512。通道 3 的光纤正常。在主控电路板初始化或者通信失败期间亮起

(6) Profibus 通信板上的 LED

Profibus 通信板通常安装在控制模块中。在板的前面，许多指示 LED 显示单元的状态及其通信。

① DSQC 352　DSQC 352 板上的实际情况，如图 6-20 所示。板的特定 LED 含义如表 6-13 所示。

表 6-13　DSQC 352 板的特定 LED 含义

序号	名称	颜色	描　述
1	Profibus Sactive	绿色	①在节点与主节点通信时亮起 ②如果未亮起，则检查机器人和 Profibus 网中的系统消息
2	POWER，24V DC	绿色	①指示有电源电压，并且电压超过 12V DC ②如果未亮起，请检查电源单元和电源连接器中是否有电压。如果没有，则检查电缆和连接器 ③如果向单元加电，但其未工作，则更换单元

② DSQC 510　DSQC 510 板上的实际情况，如图 6-21 所示。LED 含义见表 6-14。

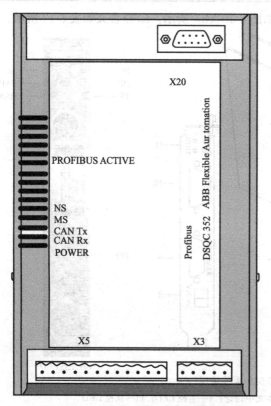

图 6-20　DSQC 352 板上的实际情况

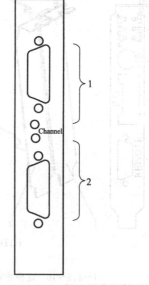

图 6-21　DSQC 510 板上的实际情况
1—从控通道，LED 标记 S；2—主控通道，LED 标记 M

表 6-14　DSQC 510 板上 LED 含义

序号	名称	描　述
1	0	①指示从控通道的状态 ②在从控通道处于数据交换模式时亮起
2	1	①指示主控通道的状态 ②在主控具有 Profibus 信号时亮起

6.1.6 故障排除期间的安全性

所有正常的检修工作、安装、维护和维修工作通常在关闭全部电气、气压和液压动力的情况下执行。通常使用机械挡块等防止所有操纵器运动。

(1) 故障排除期间的危险

这意味着在故障排除期间必须考虑如下注意事项。

① 所有电气部件必须视为是带电的。

② 操纵器必须一直能够进行任何运动。

③ 由于安全电路可以断开或者绑住以启用正常禁止的功能，因此必须能够相应地执行系统。

(2) 安全故障排除

① 没有轴制动闸的机器人可能产生致命危险　机器人手臂系统非常沉重，特别是大型机器人。如果没有连接制动闸、连接错误、制动闸损坏或任何故障导致制动闸无法使用，都会产生危险。

a. 如果您怀疑制动闸不能正常使用，请在作业前使用其他的方法确保机器人手臂系统的安全性。

b. 如果打算通过连接外部电源禁用制动闸，当禁用制动闸时，切勿站在机器人的工作范围内（除非使用了其他方法支撑手臂系统）！

② Drive Module 内带电危险　即使在主开关关闭的情况下，Drive Module 也带电，可直接从后盖后面及前盖内部接触。如图 6-22 所示，排除方法如下。

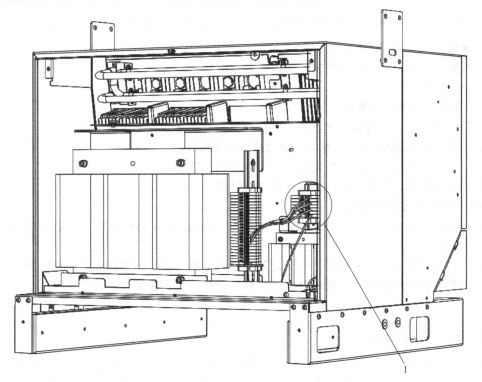

(a)

图 6-22

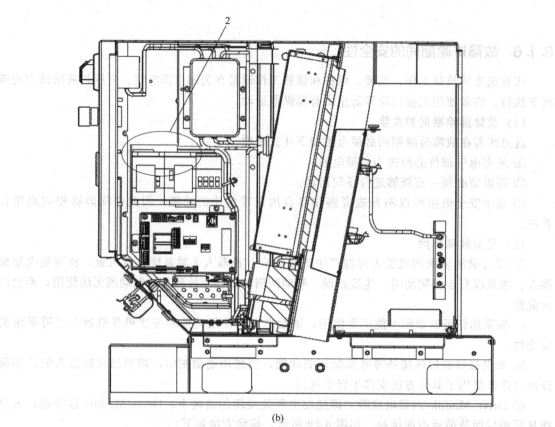

(b)

图 6-22　Drive Module 内带电

1—变压器端子带电，即使在主电源开关关闭时也带电；2—电机的 ON 端带电，即使在主电源开关关闭时也带电

a. 确保已经关闭输入主电源。

b. 使用电压表检验，确保任何终端之间没有电压。

c. 继续检修工作。

（3）受静电影响排除方式

① 使用手腕带，手腕带必须经常检查以确保没有损坏并且要正确使用。

② 使用 ESD 保护地垫。地垫必须通过限流电阻接地。

③ 使用防静电桌垫。此垫应能控制静电放电且必须接地。

④ 在不使用时，手腕带必须始终连接手腕带按钮。

（4）热部件可能会造成灼伤

在正常运作期间，许多操纵器部件会变热，尤其是驱动电机和齿轮。触摸它们可能会造成各种严重的烧伤。

① 在实际触摸之前，务必用手在一定距离感受可能会变热的组件是否有热辐射。

② 如果要拆卸可能会发热的组件，请等到它冷却，或者采用其他方式处理。

6.1.7　提交错误报告

如果需要 ABB 技术支持人员协助对系统进行故障排除，可以提交一个正式的错误报告。为了使 ABB 技术支持人员更好地解决问题，可根据要求附上系统生成的专门诊断文件。

（1）诊断文件

① 事件日志　所有系统事件的列表。

② 备份 为诊断而做的系统备份。

③ 系统信息 供 ABB 技术支持人员使用的内部系统信息。

注意，若非技术支持人员明确要求，则不必创建或者向错误报告附加任何其他文件。

(2) 创建诊断文件

① 点击"ABB"，然后点击"控制面板"，再点击"诊断"。显示图 6-23 所示的屏幕。

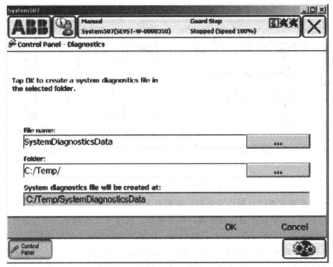

图 6-23 创建诊断文件

② 指定诊断文件的名称、其保存文件夹，然后点击"确定"。默认的保存文件夹是 C：/ Temp，但可选择任何文件夹，例如外部连接的 USB 存储器。在显示"正在创建文件。请等待!"时，可能需要几分钟的时间。

③ 要缩短文件传输时间，可以将数据压缩进一个 zip 文件中。

④ 写一封普通的电子邮件给当地的 ABB 技术支持人员，确保包括如下信息：

a. 机器人序列号。

b. RobotWare 版本。

c. 书面故障描述。越详细就越便于 ABB 技术支持人员提供帮助。

d. 如有许可证密钥，也需随附。

e. 附加诊断文件。

6.1.8 安全处理 USB 存储器

当插入 USB 存储器时，正常情况下，系统会在几秒钟之内检测到设备并准备使用。系统启动时可以自动检测到插入的 USB 存储器。

系统运行中，可以插入和拔除 USB 存储器。为了避免出现问题，操作时应注意：

① 切勿插入 USB 存储器后立刻拔除。应等待 5s 直至系统检测到此设备。

② 切勿在文件操作（例如保存或复制文件）时拔除 USB 存储器。许多 USB 存储器通过闪烁的 LED 指示设备正在操作。

③ 切勿在系统关闭过程中拔除 USB 存储器。应等待关闭过程完成。

注意以下 USB 存储器的使用限制：

① 不保证支持所有的 USB 存储器。

② 有些 USB 存储器有写保护开关。由于写保护引起的文件操作失败，系统不可检测。

6.1.9　安全地断开 Drive Module 电气连接器

在接通电源时，Drive Module 上的某些连接器如果断开的话会因为大功率电流而被损坏，如图 6-24 所示。

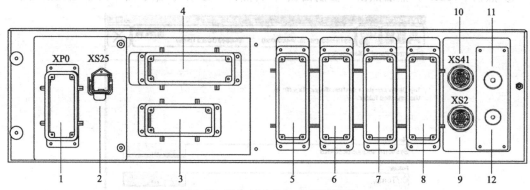

图 6-24　Drive Module 电气连接器

1—连接器 XP0（输入主电源，在断开之前确保关闭驱动模块主开关）；

2—连接器 XS25（从驱动模块到控制模块的主电源，在断开之前确保关闭控制模块主开关）；

3—连接器 XS1（到机器人的电动机电流，在断开之前确保关闭驱动模块主开关）；

4—连接器 XS7［到外部轴（如果使用的话）的电动机电流，在断开之前确保关闭驱动模块主开关］；

5～8—用户使用的额外连接器（如果用于电动机电流连接器，在断开之前请确保附近的电动机没有运行）；

9,10—串行测量信号连接器（如果在操作期间断开就不会损坏）；11,12—固定螺钉

6.1.10　串行测量电路板

（1）描述

串行测量板（称为 SMB）是测量系统的一部分，并且通常位于机器人的底座中。在用于额外的外部轴时，其位置可能不同。

（2）图示

图 6-25 所示为串行测量电路板。

（3）实际数据

适用于串行测量电路板的大量实际数据。在以下情况下使用此数据：

① 校准轴。

② 应更换操纵器。

③ 应更换 SMB。

④ 应更换控制器。

以下数据存储于 SMB 上：

① 校准数据。

② 机械单元序列号。

③ SIS 数据。

（4）SMB 上的数据处理

① 可从机器人 SMB 将 SMB 机器人参数加载到控制器存储器中。

② 如果将该机器人更换为同类型的另一机器人，可将控制器中的参数读进 SMB 中。

③ SMB 存储器可删除。

④ 可删除控制器参数存储器中特定于控制器的参数。

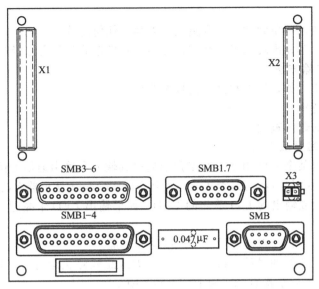

图 6-25　SMB 板

SMB1-4—轴 1-4 的分解器连接；SMB3-6—轴 3-6 的分解器连接；SMB1.7—轴 1 和轴 7 的分解器连接；
SMB—DriveModule 电源单元的 24V DC 电源以及与轴计算机的通信；X1—连接器 1 至 SMS-01 控制器板；
X2—连接器 2 至 SMS-01 控制器板；X3—连接器至电池组（SMB 存储器的电源）

⑤ 如果 SMB 中的数据与控制器存储器中的不同，可以选择所需的数据。

⑥ 按 SIS 数据中的指定，可以更新和读取机器人历史记录（以后的版本中）。

6.2　工业机器人常见故障的处理

6.2.1　典型单元故障的排除方法

（1）FlexPendant 故障排除方法

FlexPendant 通过 PanelBoard 与 ControlModule 主机通信。FlexPendant 使用电缆物理连接至 PanelBoard，其中具有＋24V 电源并且运行两个使动装置链。

① 如果 FlexPendant 完全"死机"，请按"FlexPendant 死机"处理。

② 如果 FlexPendant 启动，但不能正常操作，请按"FlexPendant 无法通信"处理。

③ 如果 FlexPendant 启动并且似乎可以操作，但显示错误事件消息，请按"FlexPendant 的偶发事件"处理。

④ 如果显示器未亮起，尝试调节对比度。

⑤ 检查电缆的连接和完整性。

⑥ 检查 24V 电源。

⑦ 阅读错误事件日志消息并按参考资料的说明进行操作。FlexPendant 和主计算机之间的通信错误可在 FlexPendant 上或者使用 RobotStudio 当作事件日志消息查看。

（2）电源故障排除方法

① 检查电源设备上的指示 LED。

② 断开电源单元的输出连接器。

③ 测量单元的输出电压。

④ 测量输入电压。

⑤ 如有必要，从电源单元逐一断开负载，以消除任何过载。

⑥ 如果发现电源单元出现故障，则进行更换，并检查故障是否已经修复。

(3) 通信故障排除方法

① 有故障的电缆（如，发送和接收信号相混）。

② 传输率（波特率）。

③ 不正确设置的数据宽度。

(4) I/O 单元故障排除方法

① 功能检查　以某个 I/O 单元没有按预期通过其输入和输出通信为例说明之。

a. 检查当前的 I/O 信号状态是否正常。使用 FlexPendant 显示器上的 I/O 菜单。

b. 检查当前输入或输出的 I/O 单元的 LED。如果输出 LED 未亮起，则检查 24V I/O 电源是否正常。

c. 检查从 I/O 单元到过程连接的所有连接器和电缆。

d. 确保 I/O 单元连接的过程总线正常工作。如果总线停止运行，事件日志中通常会存储一个事件日志消息。另外请检查总线板上的指示 LED。

② 通道通信检查　可从 FlexPendant 上的 I/O 菜单读取并激活 I/O 通道。如果与机器人的往返通信存在 I/O 通信错误，请按如下所示进行检查：

a. 当前程序中是否有 I/O 通信程序？

b. 在所提单元上，MS（模块状态）和 NS（网络状态）LED 必须持续亮起绿灯。参见下表中所列其他条件。

(5) 启动故障排除方法

① 症状

a. 任何单元上面无 LED 指示灯亮起。

b. 接地故障保护跳闸。

c. 无法加载系统软件。

d. FlexPendant 已"死机"。

e. FlexPendant 启动，但未对任何输入做出响应。

f. 包含系统软件的磁盘未正确启动。

② 无 LED 指示的操作

a. 确保系统的主电源通电并且在指定的极限之内。

b. 确保 Drive Module 中的主变压器正确连接，以符合现有的主电压要求。

c. 确保打开主开关。

d. 确保 Control Module 电源和 Drive Module 电源在各自指定的限制范围内。

e. 如果无 LED 亮起，按"所有 LED 熄灭"处理。

f. 如果系统好像完全"死机"，按"控制器死机"处理。

g. 如果 FlexPendant 显示为"死机"，按"FlexPendant 死机"处理。

h. 如果 FlexPendant 启动，但未与控制器通信，按"FlexPendant 无法通信"处理。

i. 如果系统硬盘正常工作，在启动后应立即发出嚓嚓声，并且前面的 LED 会亮起。如果在尝试启动之后计算机发出两声嘀声之后停止，表明磁盘不能正常工作。

6.2.2 间歇性故障

(1) 现象

在操作期间，错误和故障的发生可能是随机的。

（2）后果

操作被中断，并且偶尔显示事件日志消息，有时并不像是实际系统故障。这类问题有时会相应地影响紧急停止或启用链，并且可能难以查明原因。

（3）可能的原因

此类错误可能会在机器人系统的任何地方发生，可能的原因有：

① 外部干扰。

② 内部干扰。

③ 连接松散或者接头干燥，例如，未正确连接电缆屏蔽。

④ 热现象，例如工作场所内很大的温度变化。

（4）处理

要矫正该症状，建议采用下面的操作（按概率顺序列出操作）：

① 检查所有电缆，尤其是紧急停止以及启动链中的电缆。确保所有连接器连接稳固。

② 检查任何指示 LED 信号是否有任何故障，可为该问题提供一些线索。

③ 检查事件日志中的消息。有时，一些特定错误是间歇性的。可在 FlexPendant 上或者使用 RobotStudio 查看事件日志消息。

④ 在每次发生该类型的错误时检查机器人的行为。如有可能，以日志形式或其他类似方式记录故障。

⑤ 检查机器人工作环境中的条件是否要定期变化，例如，电气设备只是定期干扰。

⑥ 调查环境条件（如环境温度、湿度等）与该故障是否有任何关系。如有可能，以日志形式或其他类似方式记录故障。

6.2.3　控制器死机

（1）现象

机器控制器完全或者间歇地"死机"。无指示灯亮起且不能操作。

（2）后果

使用 FlexPendant，系统可能无法操作。

（3）可能的原因

该症状可能由以下原因引起（各种原因按概率的顺序列出）：

① 控制器未连接主电源。

② 主变压器出现故障或者未正确连接。

③ 主熔丝（Q1）可能已断开。

④ 控制器与 Drive Module 之间的连接缺失。

（4）建议的处理方法

要矫正该症状，建议采用下面的操作（按概率顺序列出操作）：

① 确保车间里的主电源正常工作并且电压符合控制器的要求。

② 确保主变压器正确连接，以符合现有的主电压要求。

③ 确保 Drive Module 中的主熔丝（Q1）未断开。如果已断开，则将其复位。

④ 如果在 Control Module 正常工作并且 Drive Module 主开关打开的情况下 Drive Module 仍无法启动，则确保正确建立了模块之间的连接。

6.2.4　控制器性能低

（1）现象

控制器性能低，并且似乎无法正常工作。控制器没有完全"死机"。如果完全死机，请按

"控制器死机"处理。

(2) 后果

可能出现程序执行迟缓,看上去无法正常执行并且有时停止的现象。

(3) 可能的原因

计算机系统负载过高,可能因为以下其中一个或多个原因造成:

① 程序仅包含太高程度的逻辑指令,造成程序循环过快,使处理器过载。

② I/O 更新间隔设置为低值,造成频繁更新和过高的 I/O 负载。

③ 内部系统交叉连接和逻辑功能使用太频繁。

④ 外部 PLC 或者其他监控计算机对系统寻址太频繁,造成系统过载。

(4) 处理方式

① 检查程序是否包含逻辑指令(或其他"不花时间"执行的指令),因为此类程序在未满足条件时会造成执行循环。要避免此类循环,您可以通过添加一个或多个 WAIT 指令来进行测试。仅使用较短的 WAIT 时间,以避免不必要的减慢程序。

适合添加 WAIT 指令的位置有:在主例行程序中,最好是接近末尾;在 WHILE/FOR/GOTO 循环中,最好是在末尾,接近指令 ENDWHILE/ENDFOR 等部分。

② 确保每个 I/O 板的 I/O 更新时间间隔值没有太低。这些值使用 RobotStudio 更改。不经常读的 I/O 单元可切换到"状态更改"操作。

ABB 建议使用的频率:DSQC327A,1000;DSQC328A,1000;DSQC332A,1000;DSQC377A,20~40;所有其他,>100。

③ 检查 PLC 和机器人系统之间是否有大量的交叉连接或 I/O 通信。与 PLC 或其他外部计算机过重的通信可造成机器人系统主机中出现重负载。

④ 尝试以事件驱动指令而不是使用循环指令编辑 PLC 程序。机器人系统有许多固定的系统输入和输出可用于实现此目的。与 PLC 或其他外部计算机过重的通信可造成机器人系统主机中出现重负载。

6.2.5 FlexPendant 死机

(1) 现象

FlexPendant 完全或间歇性"死机"。无适用的项,并且无可用的功能。如果 FlexPendant 启动,但未显示任何屏幕,按"FlexPendant 无法通信"处理。

(2) 后果

使用 FlexPendant,系统可能无法操作。

(3) 可能的原因

该症状可能由以下原因引起(各种原因按概率的顺序列出):

① 系统未开启。

② FlexPendant 没有与控制器连接。

③ 到控制器的电缆被损坏。

④ 电缆连接器被损坏。

⑤ FlexPendant 出现故障。

⑥ FlexPendant 控制器的电源出现故障。

(4) 处理方式

要矫正该症状,建议采用下面的操作(按概率顺序列出操作):

① 确保系统已经打开并且 FlexPendant 连接到控制器。

② 检查 FlexPendant 电缆看是否存在任何损坏迹象。如有可能，通过连接不同的 FlexPendant 进行测试以排除导致错误的 FlexPendant 和电缆。也尽可能测试现有的 FlexPendant 与不同控制器之间的连接。如有故障，请更换 FlexPendant。

③ 检查 Control Module 电源是否向 FlexPendant 供应 24V 的直流电。

6.2.6　所有 LED 熄灭

(1) 现象

ControlModule 或 DriveModule 上根本没有相应的 LED 亮起。

(2) 后果

系统可能不能操作或者根本无法启动。

(3) 可能的原因

该症状可能由以下原因引起（各种原因按概率的顺序列出）：

① 未向系统提供电源。

② 可能未连接主变压器以获得正确的主电压。

③ 电路断路器 F6（如有使用）可能出现故障或者因为任何其他原因处于开路状态。

④ 接触器 K41 可能出现故障或者因为任何其他原因处于开路状态，如图 6-26 所示。

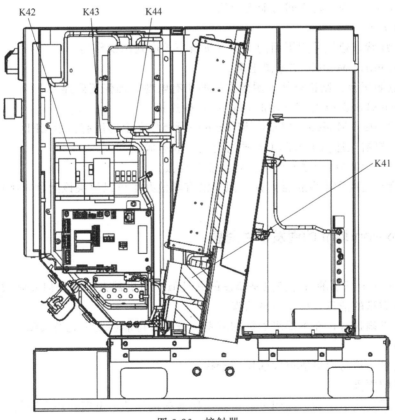

图 6-26　接触器

K41~K44—接触器

(4) 处理方式

① 确保主开关已打开。

② 确保系统通电。使用电压表测量输入的主电压。

③ 检查主变压器连接。在各终端上标记电压。确保它们符合市电要求。

④ 确保电路断路器 F6 (如有使用) 于位置 3 闭合。

⑤ 确保接触器 K41 处于开路状态并在执行指令时闭合。

⑥ 从 Drive Module 电源断开连接器 X1 并测量输入的电压。在 X1.1 和 X1.5 针脚之间测量。

⑦ 如果电源输入电压正确 (230V AC) 但 LED 仍无法工作,则更换 Drive Module 电源。

6.2.7 FlexPendant 无法通信

(1) 现象

FlexPendant 启动,但未显示任何屏幕。无适用的项,并且无可用的功能。FlexPendant 没有完全"死机"。如果"死机",请按"FlexPendant 死机"处理。

(2) 后果

使用 FlexPendant,系统可能无法操作。

(3) 可能的原因

该症状可能由以下原因引起 (各种原因按概率的顺序列出):

① 主机无电源。

② FlexPendant 和主机之间可能无通信。

(4) 处理方式

要矫正该症状,建议采用下面的操作 (按概率顺序列出操作):

① 确保 Control Module 主电源正常。

② 如果电源正常,则检查从电源到主机的所有电缆,确保正确连接。

③ 确保 FlexPendant 与 Control Module 正确连接。

④ 检查 Control Module 和 Drive Module 中所有单元上的所有指示 LED。

⑤ 确保与机器人通信卡 (RCC) 的所有连接和电源正常。

⑥ 确保 RCC 和接线台之间的以太网线正确连接。

⑦ 如果所有电缆和电源正常,并且似乎没有其他办法可以解决该问题,则更换主机设备。

6.2.8 FlexPendant 的偶发事件消息

(1) 现象

FlexPendant 上显示的事件消息是偶发的并且似乎与机器人上的任何实际故障不对应。可能会显示几种类型的消息,标示出现错误。

如果没有正确执行,在主操纵器拆卸或者检查之后可能会发生此类故障。

(2) 后果

因为不断显示消息而造成重大的操作干扰。

(3) 可能的原因

内部操纵器接线不正确。原因可能是:连接器连接欠佳、电缆扣环太紧使电缆在操纵器移动时被拉紧、因为摩擦使信号与地面短路造成电缆绝缘擦破或损坏。

(4) 处理方式

要矫正该症状,建议采用下面的操作 (按概率顺序列出操作):

① 检查所有内部操纵器接线,尤其是所有断开的电缆、在最近维修工作期间连接的重新布线或捆绑的电缆。

② 检查所有电缆连接器以确保它们正确连接并且拉紧。

③ 检查所有电缆绝缘是否损坏。

6.2.9 维修插座中无电压

(1) 现象

某些 Control Module 配有电压插座，并且此插座仅适用于这些模块。用于为外部维修设备供电的 Control Module 维修插座中无电压。

(2) 后果

连接 Control Module 维修插座的设备无法工作。

(3) 可能的原因

该症状可能由以下原因引起（各种原因按概率的顺序列出）：

① 电路断路器跳闸（F5），如图 6-27 所示。

② 接地故障保护跳闸（F4）。

③ 主电源掉电。

④ 变压器连接不正确。

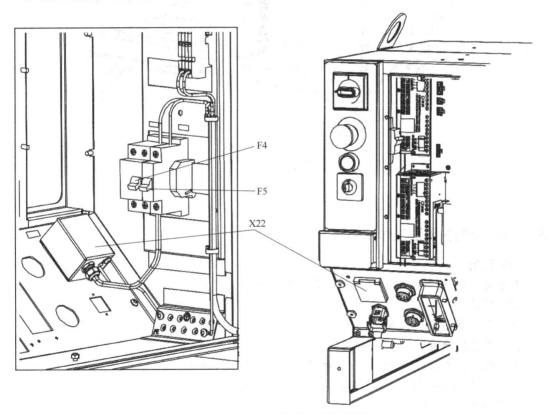

图 6-27　电路断路器与接地故障保护

(4) 处理方式

① 确保 Control Module 中的电路断路器未跳闸。确保与维修插座连接的任何设备没有消耗太多的功率，造成电路断路器跳闸。

② 确保接地故障保护未跳闸。确保与维修插座连接的任何设备未将电流导向地面，造成接地故障保护跳闸。

③ 确保机器人系统的电源符合规范要求。

④ 确保为插座供电的变压器（T3）正确连接，即输入和输出电压符合规范要求，如图 6-28 所示。

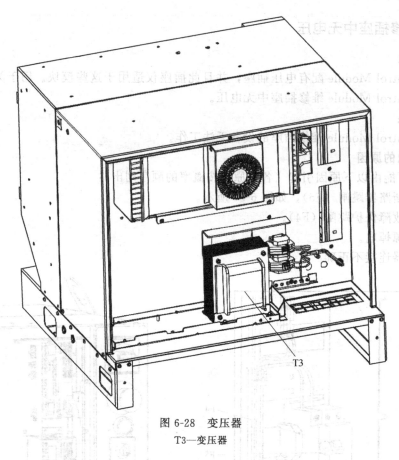

图 6-28　变压器

T3—变压器

6.2.10　控制杆无法工作

（1）现象

系统可以启动，但 FlexPendant 上的控制杆似乎无法工作。

（2）后果

无法手动微动控制机器人。

（3）可能的原因

该症状可能由以下原因引起（各种原因按概率的顺序列出）：

① FlexPandant 可能未正确连接或者电缆可能被损坏。

② FlexPendant 的电源不能正常工作。

③ FlexPendant 发生故障。

（4）处理方式

要矫正该症状，建议采用下面的操作（按概率顺序列出操作）：

① 系统是否打开？如果没有打开，请按照正确方式启动系统。

② 是否已在 Manual Mode 中选择了 Jogging？如果没有，应正确操作。

③ FlexPendant 是否工作？如果没有，按"FlexPendant 死机"处理。

④ 确保 FlexPendant 与 Control Module 正确连接。

⑤ 确保 FlexPendant 电缆未损坏。

⑥ 确保 Control Module 电源和 Panel Board 正常工作。

⑦ 如果所有方法都无效，请更换 FlexPendant。

6.2.11　更新固件失败

(1) 现象

在更新固件时，自动过程可能会失败。

(2) 后果

自动更新过程被中断并且系统停止。

(3) 可能的原因

此故障最常在硬件和软件不兼容时发生。

(4) 处理方式

① 检查事件日志，查看显示发生故障的单元的消息。

② 最近是否更换了相关的单元？如果"是"，则确保新旧单元的版本相同。如果"否"，则检查软件版本。

③ 最近是否更换了 RobotWare？如果"是"，则确保新旧单元的版本相同。如果"否"，请继续以下步骤。

④ 与当地的 ABB 代表检查固件版本是否与现在的硬件/软件兼容。

6.2.12　不一致的路径精确性

(1) 现象

机器人 TCP 的路径不一致。它经常变化，并且有时会伴有轴承、齿轮箱或其他位置发出的噪声。

(2) 后果

无法进行生产。

(3) 可能的原因

该症状可能由以下原因引起（各种原因按概率的顺序列出）：

① 未正确校准机器人。

② 未正确定义机器人 TCP。

③ 平行杆被损坏（仅适用装有平行杆的机器人）。

④ 在电机和齿轮之间的机械接头损坏。它通常会使出现故障的电机发出噪声。

⑤ 轴承损坏或破损（尤其如果耦合路径不一致并且一个或多个轴承发出嘀嗒声或摩擦噪声时）。

⑥ 将错误类型的机器人连接到控制器。

⑦ 制动闸未正确松开。

(4) 处理方式

① 确保正确定义机器人的 Tool 和 Work Object。

② 检查转数计数器的位置。如有必要应进行更新。

③ 如有必要，重新校准机器人轴。

④ 通过跟踪噪声找到有故障的轴承。根据各机器人的 Product Manual 更换有故障的轴承。

⑤ 通过跟踪噪声找到有故障的电机。分析机器人 TCP 的路径以确定哪个轴进而确定哪个电机可能有故障。应根据各机器人的 Product Manual 的说明更换有故障的电机/齿轮。

⑥ 检查平行杆是否正确（仅适用于装有平行杆的机器人）。

⑦ 确保根据配置文件中的指定连接正确的机器人类型。

⑧ 确保机器人制动闸可以正常工作。

6.2.13　油脂沾污电机和（或）齿轮箱

（1）现象

电机或齿轮箱周围的区域出现油泄漏的迹象。此种情况可能发生在底座、最接近结合面，或者在分解器电机的最远端。

（2）后果

除弄脏表面之外，在某些情况下不会出现严重的后果。但是，在某些情况下，漏油会润滑电机制动闸，造成关机时操纵器损毁。

（3）可能的原因

该症状可能由以下原因引起（各种原因按概率的顺序列出）：

① 齿轮箱和电机之间的防泄漏密封。

② 齿轮箱溢油。

③ 齿轮箱油过热。

（4）处理方式

① 检查电机和齿轮箱之间的所有密封和垫圈。不同的操纵器型号使用不同类型的密封。根据各机器人的 Product Manual 中的说明更换密封和垫圈。

② 检查齿轮箱油面高度。机器人 Product Manual 中指定正确的油面高度。

③ 齿轮箱过热可能由以下原因造成：

a. 使用的油的质量或油面高度不正确，根据每个机器人的产品手册检查建议的油面高度和类型。

b. 机器人工作周期运行特定轴太困难。研究是否可以在应用程序编程中写入小段的"冷却周期"。

c. 齿轮箱内出现过大的压力。操纵器执行某些特别重的负荷工作周期可能装配有排油插销。正常负荷的操纵器未装配此类排油插销。

6.2.14　机械噪声

（1）现象

在操作期间，电机、齿轮箱、轴承等不应发出机械噪声。出现故障的轴承在故障之前通常会发出短暂的摩擦声或者嘀嗒声。

（2）后果

出现的轴承造成路径精度不一致，并且在严重的情况下，接头会完全抱死。

（3）可能的原因

该症状可能由以下原因引起（各种原因按概率的顺序列出）：

① 磨损的轴承。

② 污染物进入轴承圈。

③ 轴承没有润滑。

④ 如果从齿轮箱发出噪声，也可能是过热引起的。

（4）处理方式

① 确定发出噪声的轴承。

② 确保轴承有充分的润滑。

③ 如有可能，拆开接头并测量间距。

④ 电机内的轴承不能单独更换，只能更换整个电机。根据各机器人的 ProductManual 更换有故障的电机。

⑤ 确保轴承正确装配。

⑥ 齿轮箱过热可能由以下原因造成：

a. 使用的油的质量或油面高度不正确。

b. 机器人工作周期运行特定轴太困难。研究是否可以在应用程序编程中写入小段的"冷却周期"。

c. 齿轮箱内出现过大的压力。操纵器执行某些特别重的负荷工作周期可能装配有排油插销。

6.2.15　关机时操纵器损毁

（1）现象

在 Motors ON 活动时操纵器能够正常工作，但在 Motors OFF 活动时，它会因为自身的重量而损毁。与每台电机集成的制动闸不能承受操纵臂的重量。

（2）后果

此故障可能会对在该区域工作的人员造成严重的伤害或者造成死亡，或者对操纵器和（或）周围的设备造成严重的损坏。

（3）可能的原因

该症状可能由以下原因引起（各种原因按概率的顺序列出）：

① 有故障的制动闸。

② 制动闸的电源故障。

（4）处理方式

① 确定造成机器人损毁的电机。

② 在 Motors OFF 状态下检查损毁电机的制动闸电源。

③ 拆下电机的分解器检查是否有任何漏油的迹象。

④ 从齿轮箱拆下电机，从驱动器一侧进行检查。

6.2.16　机器人制动闸未释放

（1）现象

在开始机器人操作或者微动控制机器人时，必须释放内部制动闸以进行运动。

（2）后果

如果未释放制动闸，机器人不能运动，并且会发生许多错误日志消息。

（3）可能的原因

该症状可能由以下原因引起（各种原因按概率的顺序列出）：

① 制动接触器（K44）不能正常工作，如图 6-26 所示。

② 系统未正确进入 Motors ON 状态。

③ 机器人轴上的制动闸发生故障。

④ 电源电压 24V BRAKE 缺失。

（4）处理方式

① 确保制动接触器已激活。应听到"嘀"声，或者您可以测量接触器顶部辅助触点之间的电阻。

② 确保激活了 RUN 接触器（K42 和 K43）。注意，两个接触器必须激活，而不只是激活一个！应听到"嘀"声，或者您可以测量接触器顶部辅助触点之间的电阻。

③ 使用机器人上的按钮测试制动闸。如果只有一个制动闸出现故障，现有的制动闸很有可能发生故障，必须更换。如果未激活任何制动闸，很可能没有 24V BRAKE 电源。按钮的位置因机器人的型号而不同。请参阅各机器人的 Product Manual！

④ 检查 Drive Module 电源以确保 24V BRAKE 电压正常。

⑤ 系统内许多其他的故障可能会使制动闸一直处于激活状态。

附　录
工业机器人英汉词汇

A

abrasive wheel　砂轮

absolute accuracy　绝对精度

AC inverter drive　交流变频器驱动

acceleration performance　加速性能

acceleration time　加速时间

accurate positioning　准确定位

adaptive control　适应控制

adaptive robot　适应机器人

additional axis　附加轴

additional load　附加负载

additional mass　附加质量

additional operation　附加操作

adhesive sealing　胶黏剂密封

advanced collision avoidance　高级碰撞避免

aerospace industry　航空航天工业

agricultural robot　农业机器人

air robot　空中机器人

air tube　空气管

alignment pose　校准位姿

all-electric industrial robot　全电动工业机器人

ant colony algorithm　蚁群算法

anthropomorphic robot　拟人机器人

application program　应用程序

arc teaching　圆弧示教

arc welding　点焊，电弧焊

arc welding purpose robot　弧焊机器人

arc welding robot　电弧焊机器人

arch motion　圆弧运动

arm　手臂

arm configuration　手臂配置

articulated model　关节模型

articulated robot　铰接式机器人，关节（形）机器人

articulated structure　关节结构

artificial intelligence　人工智能

assembly line　流水线，装配线

assembly robot　装配机器人

atomization air　雾化空气

attained pose　实到位姿

augmented reality technology　增强现实技术

auto part　汽车零件

automated palletizing　自动码垛

automated production　自动化生产

automatic assembly line　自动装配线

automatic control　自动控制

automatic end effector exchanger　末端执行器自动更换装置

automatic logistics transport　自动物流运输

automatic mode　自动模式

automatic operation　自动操作

automatic tool changer　自动换刀

automatically controlled　自动控制

automation technology　自动化技术

automotive industry　汽车行业

auxiliary axis cable　辅助轴电缆

axis　轴

axis movement　轴运动

B

base　机座

base coordinate system　机座坐标系

base mounting surface　机座安装面

beltless structure　无带结构

bend motion　弯曲运动

big data　大数据

bio-inspired robotics　仿生机器人

brake filter　制动过滤器

brake resistor　制动电阻

built-in collision detection feature　内置碰撞检测功能

built-in controller　内置控制器

built-in ladder logic processing　内置梯形图逻辑处理

bus cable　总线电缆

C

cable interference　电缆干扰

camera sensor　相机传感器

camera-based part location　基于相机的工件定位

Cartesian coordinate　笛卡儿坐标

Cartesian coordinate robot　笛卡儿坐标机器人

cartesian robot　直角坐标机器人

end of arm tool　端部执行器

energy consumption　能耗

energy efficiency　能效

energy resource　能源资源

energy saving　节能

energy source　能源

energy supply system　能源供应系统

energy-saving lamp　节能灯

engraving panel　雕刻面板

environmental parameter　环境参数

EPSON robot　爱普生机器人

ether net　以太网

ethical issue　伦理道德问题

excellent maintenance ability　良好的维护能力

expert system　专家系统

explosion proof arm　防爆手臂

extreme environment　极端环境

extreme precision　极度精准

E-server connection　电子服务器连接

F

facial recognition　面部识别

factory automation　工厂自动化

factory of the future　未来工厂

feeding system　进料系统

field bus network connection　现场总线网络连接

fine organization operation　良好的组织行为

five degrees of freedom robot　五自由度机器人

fixed sequence manipulator　固定顺序操作机

flash memory　闪存

flash slot　闪光灯槽

flexible automation　柔性自动化

flexible hand　灵巧手

flow wrapped product　流水线包装产品

fluid flow　流体流动

fly-by point　路经点

folding mechanism　折叠机构

food packaging　食品包装

force detection　力检测

force sensor　力传感器

force sensor controller　力传感器控制器

force torque sensor　力矩传感器

forward dynamics　正向动力学

forward kinematics　运动学正解，正向运动学

fossil fuel　化石燃料

four-bar linkage　四杆联动

function package　函数包

functional package　功能包

G

gantry robot　龙门式机器人

gas welding　气焊

general automation　自动化生产

given point　给定点

goal directed programming　目标编程

governing structure　管理结构

graphical user interface　图形用户界面

greenhouse gas　温室气体

gripper　夹持器

ground robot　地面机器人

H

hand cabling　手工布线

hand held operator unit　手持式操作装置

hard automation　刚性自动化

harmonic drive　谐波机构

heat exchanger　热交换器

help-old robot　助老机器人

high accuracy　高准确率

high function control　高功能控制

high level of cleanliness　高度清洁

high mix production　高混合生产

high palletizing load　高码垛负载

high performance　高性能

high pressure stream cleaning　高压喷流清洗

high quality　高质量

high speed picking　高速搬运

highly concentrated　高度集中

high-end technology　高端技术

high-performance controller　高性能控制器

high-speed communication　高速通信

hinge joint　铰链接头

hollow axis　空心轴

hollow structure　中空结构

home appliance　家用电器

home operation robot　家庭操作机器人

horizontal joint robot　水平关节机器人

horizontal reach　水平距离

hot spray　热喷雾

household cleaning robot　家用清洁机器人

human chemical plant　人性化工厂

human machine interface　人机界面

humanoid robot　类人机器人

human-computer interaction　人机交互

human-computer interaction interface　人机交互界面

human-robot collaboration　人机协作

hydraulic actuator　液压执行机构

hydraulic-air pressure technology　液压气压技术

I

I/O board　I/O 电路板

I/O cable　I/O 电缆

image recognition　图像识别

immune algorithm　免疫算法

impact force　冲击力

independent operation　独立运作

indexing belt　分度带

individual axis acceleration　单轴加速度

individual axis velocity　单轴速度

individual joint acceleration　单关节加速度

individual joint velocity　单关节速度

industrial automation application　工业自动化应用

industrial automation solution　工业自动化解决方案

industrial big data　工业大数据

industrial internet　工业互联网

industrial revolution　工业革命

industrial robot　工业机器人

industry 4.0　工业 4.0

inertia moment　惯性力矩

initial price gap　初始价格差距

injection moulding machine　注塑机

installation　安装

installation position　安装位置

installed capacity　装机容量

integrated air supply　集成气路接口

integrated cable　集成电缆

integrated cell control capability　集成单元控制功能

integrated circuit　集成电路

integrated debugger　集成调试器

integrated energy supply system　集成式能源供应系统

integrated signal supply　集成信号接口

integrated vision system　综合视觉系统，集成视觉系统

integration of joints　集成一体化关节

intelligent assistant　智能助手

intelligent manufacturing　智能制造

intelligent palletizing robot　智能码垛机器人

intelligent robot　智能机器人

intelligent system　智能系统

interference contour　干扰轮廓

internal sensor　内部传感器

internet of things　物联网

inverse dynamics　反向动力学

inverse kinematics　运动学逆解

J

jogging the manipulator　控制机器人本体

joint angle　关节角度

joint coordinate system　关节坐标系

jointed-arm kinematic system　关节运动系统

joystick　操作杆

K

kinematic chain　运动链

kinematic pair　运动对偶，运动副

kinematics equation　运动学方程

L

lab automation　实验室自动化

labor intensity　劳动强度

labor productivity　劳动生产率

laboratory automation　实验室自动化

language recognition　语言识别

laws of robotics　机器人定律

learning control　学习控制

legged robot　腿式机器人

light industry　轻工业

limiting load　极限负载

line loading　线路加载

linear robot　线性机器人

link　杆件

load　负载

loading and unloading　装载和卸载

long arm type robot　长臂式机器人

low payload　低负载区

low power output　低功率输出

low volume　低容量

lower arm　下臂

low-voltage power supply unit　低压供电单元

M

machine actuator　机器驱动器

machine interconnection　机器互联

machine tending　机器管理

machine tool　机床

main computer　主机

main mechanical　机械主体，主要机械

mains filter　电源滤波器

manipulate part　操纵零件

manipulator　操作机

manipulator programmable　可编程机械手

manual date input programming　人工数据输入编程

manual mode　手动方式

manual painting　手工喷涂

manufacturing business　制造业务

manufacturing industry　制造业

man-machine integration system　人机一体化系统

material handling　物料搬运
material handling robot　材料处理机器人
maximum thrust　最大推力
maximum torque　最大转矩
maximum moment　最大力矩
maximum payload　最大有效负载
maximum space　最大空间
mechanical design　机械设计
mechanical interface　机械接口
mechanical interface coordinate system　机械接口坐标系
mechanical power　机械动力
mechanical structure　机械结构
medical and pharmaceutical industry　医药行业
medical robot　医疗机器人
microelectronics technology　微电子技术
military robot　军事机器人
military unmanned aerial vehicle　军用无人机
milking robot　挤奶机器人
mini robot　迷你机器人
minimum cycle time　最短循环时间
minimum posing time　最小定位姿时间
mobile pedestal　移动底座
mobile robot　移动机器人
modular manufacturing cell　模块化制造单元
modular plug　模块化插头
modular robot　模块化机器人
molten metal　熔融金属
motion control　运动控制
motion optimization　动作优化
motion planning　运动规划
mounting configuration　安装配置
multi degrees of freedom　多自由度
multidirectional pose accuracy variation　多方向位姿准度变动
multipurpose　多用途
multi-process system　多进程系统

N

national defense robot　国防机器人
natural language processing　自然语言处理
network communication　网络通信
new intelligent robot　新智能机器人
nominal payload　额定负载
normal operating condition　正常操作条件
normal operating state　正常操作状态
numerical control　数字控制

O

off-line programmable robot　离线编程机器人

off-line programming　离线编程
open industry standard　开放式工业标准
open software architecture　开放的软件架构
operating mode　操作方式
operating system　操作系统
operating system of polishing　打磨操作系统
operation panel　操作面板
operational space　操作空间
operator　操作员
optical encoder　光学编码器
orange intelligence　橙色智能
organic EL display　有机 EL 显示器

P

painting application　喷涂应用
painting automation　喷涂自动化
painting robot　喷涂机器人
palletizing robot　码垛机器人
palletizing system　物流系统
parallel manipulator　并联机械臂
parallel robot　并联机器人
part transfer　零件转移
parts feeder　上料机
parts feeding system　零件供料系统
patented multiple robot control technology　机器人控制技术专利
path　路径
path acceleration　路径加速度
path accuracy　路径准确度
path planning　路径规划
path repeatability　路径重复性
path velocity accuracy　路径速度准确度
path velocity fluctuation　路径速度波动
path velocity　路径速度
path velocity repeatability　路径速度重复性
payload capacity　负载能力
PC-based controller　基于 PC 的控制器
pendant　示教盒
pendular robot　摆动机器人
peripheral equipment　外围设备
physical alteration　物理变更
pick and place　挑选和放置，拾取和放置
pick and place machine　拾放机
picking cycle　拾料节拍
pin joint　针接头
pioneer for the automation　自动化先锋
piping drastically　从动臂管
playback robot　示教再现机器人

pneumatic enclosure　气动外壳

pneumatic hose　气动软管

point and click set up　点击设置

polar coordinate system　极坐标系

polar robot　极坐标机器人

polishing power head　打磨头

polishing robot　打磨机器人

portable display　便携式显示器

pose　位姿

pose accuracy　位姿准确度

pose overshoot　位姿超调

pose repeatability　位姿重复性

pose stabilization time　位姿稳定时间

pose-to-pose control　点位控制

position repeatability　重复定位精度

positioning machine　定位机

power density　功率密度

power electronics　电源电子设备

power electronics technology　电力电子技术

power generation　发电

precise interaction of software　机电一体化

preparation cycle　准备周期

press-to-press robot　冲压连线机器人

primary axes　主关节轴

printed circuit board　印制电路板

prismatic joint　棱柱关节

process application　过程应用

process equipment　工艺设备

process station　处理站

processing mode　处理模式

production chain　生产链

production control　产品控制

production line　生产线

professional service robot　专业服务机器人

programmable pet　可编程宠物

programmed pose　编程位姿

programmer　编程员

programming pendant　示教器

programming　编程

protection against dust　防尘

protection against humidity　防潮

Q

quantum leap　飞跃

R

rated load　额定负载

record playback robot　录返机器人

recreational robot　娱乐机器人

rectangular robot　直角坐标机器人

recycling system　回收系统

reduce power　降低功耗

reduced coating consumption　降低涂料损耗

refining surface　精制面

rehabilitation robot　康复机器人

relative movement　相对运动

remote control　遥控；遥控装置；远程控制

remote monitoring　远程监控

reprogrammable　可重复编程

resolution　分辨率

restricted space　限定空间

revolute joint　旋转关节

robot　机器人

rigid body　刚体

robot base　机器人底座

robot boom　机器人热潮

robot model　机器人模型

robot palletizer　机器人码垛机

robot platform　机器人平台

robot structure　机器人结构

robot system　机器人系统

robotic automation system　机器人自动化系统

robotic business　机器人业务

robotic co-worker　人机合作

robotic hand　机器手

robotic machine tending　机器人管理

robotics　机器人学

robotics institute　机器人协会

rotary joint　旋转接头，旋转关节，回转关节

rotational motion　旋转运动

running program　运行程序

S

safety hazard　安全隐患

safety interface board　安全接口面板

safety unit　安全单元

sanitary ware　洁具

SCARA robot　SCARA 机器人

secondary axes　副关节轴

security fence　安全栅栏

sensing system　传感系统

sensor cable　传感器电缆

sensory control　传感控制

sequenced robot　顺序控制机器人

serial architecture　串行架构

serial chain　串行链

serial manipulator　串联机械臂

service robot　服务用机器人
servo actuator　伺服执行器
servo control　伺服控制
servo system　伺服系统
servo technology　伺服技术
servo-float function　伺服浮动功能
share information　共享信息
shelf-mounted robot　架装式机器人
single arm robot　单臂机器人
single chip microcomputer technology　单片机技术
six degrees of freedom　六自由度
six-axis articulated robot　六轴铰链机器人
six-axis industrial robot　六轴工业机器人
size limitation　尺寸限制
sliding joint　滑动关节
small parts assembly　小零件组装
smart factory　智慧工厂
smart vibration control　智能振动控制
smart vibration　智能振动
software architecture　软件架构
software engineering　软件工程
soldering　焊接
solenoid valve　电磁阀
space exploration　太空探索
space robot　空间机器人
space-saving integration　节省空间的集成
space-saving robot　节省空间的机器人
spatial generalization　空间泛化
speed of the delta design　速度增量设计
spherical joint　球关节
spherical robot　球形机器人
spine robot　脊柱式机器人
spot welding　点焊
spray painting　喷漆
stack controller　堆栈控制器
standard cycle　标准循环
state-of-the-art robot control　尖端运动控制系统
static compliance　静态柔顺性
steady rate　稳定率
steam power　蒸汽动力
Stewart platform　Stewart 平台
stop-point　停止点
straight teaching　直线示教
superior cost performance　卓越的性价比
surveillance robot　监视机器人

T

tactile sensor　触觉传感器

tandem joint robot　串联关节机器人
task program　任务程序
task programming　任务编程
TCP　工具中心点
TCS　工具坐标系
teach pendant　示教盒
teach programming　示教编程
teach window　示教窗口
teaching box　示教盒
teaching module　教学模块
teaching pendant　示教器
teaching time　教学时间
technical parameter　技术参数
the device to put workpiece　工件摆放装置
three laws of robotics　机器人三原则
tiny SCARA Robot　小 SCARA 机器人
tool centre point　工具中心点
tool coordinate system　工具坐标系
tool rack　工具架
touch screen　触摸屏
toxic fume　有毒烟雾
track teaching　轨迹示教
training platform　实训台
trajectory　轨迹
trajectory operated robot　轨迹控制机器人
transient limiter　瞬态抑制器
translational (linear) displacement　平移（线性）位移
transmission device　传动装置
two parallel rotary joints　两个平行的旋转关节
two-finger gripper　双手指夹
two-link arm　联合双链臂

U

underwater robot　水下机器人
unidirectional pose accuracy　单方向位姿准确度
unidirectional pose repeatability　单方向位姿重复性
uni-axial rotation　单轴旋转
upper arm　上臂
upside-down mounting　顶吊安装
user environment　用户环境
utmost precision　最高精度

V

vacuum cup gripper　真空夹具
vacuum negative pressure station　真空负压站
Verstran robot　Verstran 机器人
video game　视频游戏
virtual reality　虚拟现实
virtual simulation　虚拟仿真

vision sensor　视觉传感器
vision technology　视觉技术
visual ability　视觉能力
visual inspection　视觉分拣
voice recognition　语音识别

W

weed robot　除草机器人
weld trajectory　焊接轨迹
welding equipment　焊接设备
welding gun　焊枪
welding robot　焊接机器人
welding tong　焊钳
wire feeder　送丝机

wisdom factory　智慧工厂
work frequency　工作频率
work piece　工件
working envelope　工作空间
working range　工作范围
working space　工作空间
working volume　工作量
workpiece coordinate system　工件坐标系
world coordinate system　绝对坐标系
wrist　手腕
wrist reference point　手腕参考点

Y

yaw motion　偏航运动

参 考 文 献

[1] 张培艳主编. 工业机器人操作与应用实践教程. 上海：上海交通大学出版社，2009.

[2] 邵慧，吴凤丽主编. 焊接机器人案例教程. 北京：化学工业出版社，2015.

[3] 韩鸿鸾，丛培兰，谷青松主编. 工业机器人操作系统安装调试与维护. 北京：化学工业出版社，2017.

[4] 韩建海主编. 工业机器人. 武汉：华中科技大学出版社，2009.

[5] 董春利编著. 机器人应用技术. 北京：机械工业出版社，2015.

[6] 于玲，王建明主编. 机器人概论及实训. 北京：化学工业出版社，2013.

[7] 韩鸿鸾，蔡艳辉，卢超主编. 工业机器人现场编程与调试. 北京：化学工业出版社，2017.

[8] 余任冲编著. 工业机器人应用案例入门. 北京：电子工业出版社，2015.

[9] 杜志忠，刘伟编. 点焊机器人系统及编程应用. 北京：机械工业出版社，2015.

[10] 韩鸿鸾编著. 工业机器人工作站系统集成与应用. 北京：化学工业出版社，2017.

[11] 叶晖，管小清编著. 工业机器人实操与应用技巧. 北京：机械工业出版社，2011.

[12] 肖南峰等编著. 工业机器人. 北京：机械工业出版社，2011.

[13] 郭洪江. 工业机器人运用技术. 北京：科学出版社，2008.

[14] 韩鸿鸾，张运强主编. 工业机器人离线编程与仿真. 北京：化学工业出版社，2018.

[15] 马履中，周建忠编著. 机器人柔性制造系统. 北京：化学工业出版社，2007.

[16] 闻邦椿主编. 机械设计手册（单行本）——工业机器人与数控技术. 北京：机械工业出版社，2015.

[17] 王大伟主编. 工业机器人应用基础. 北京：化学工业出版社，2018.

[18] 韩鸿鸾，宁爽，董海萍主编. 工业机器人的操作. 北京：化学工业出版社，2018.

[19] 张宏立，刘罗仁主编. 工业机器人典型应用. 北京：北京理工大学出版社，2017.

[20] 阚正湘，陈巍主编. 工业机器人典型应用. 北京：北京理工大学出版社，2017.